放射能除染と廃棄物処理

木暮敬二 著

技報堂出版

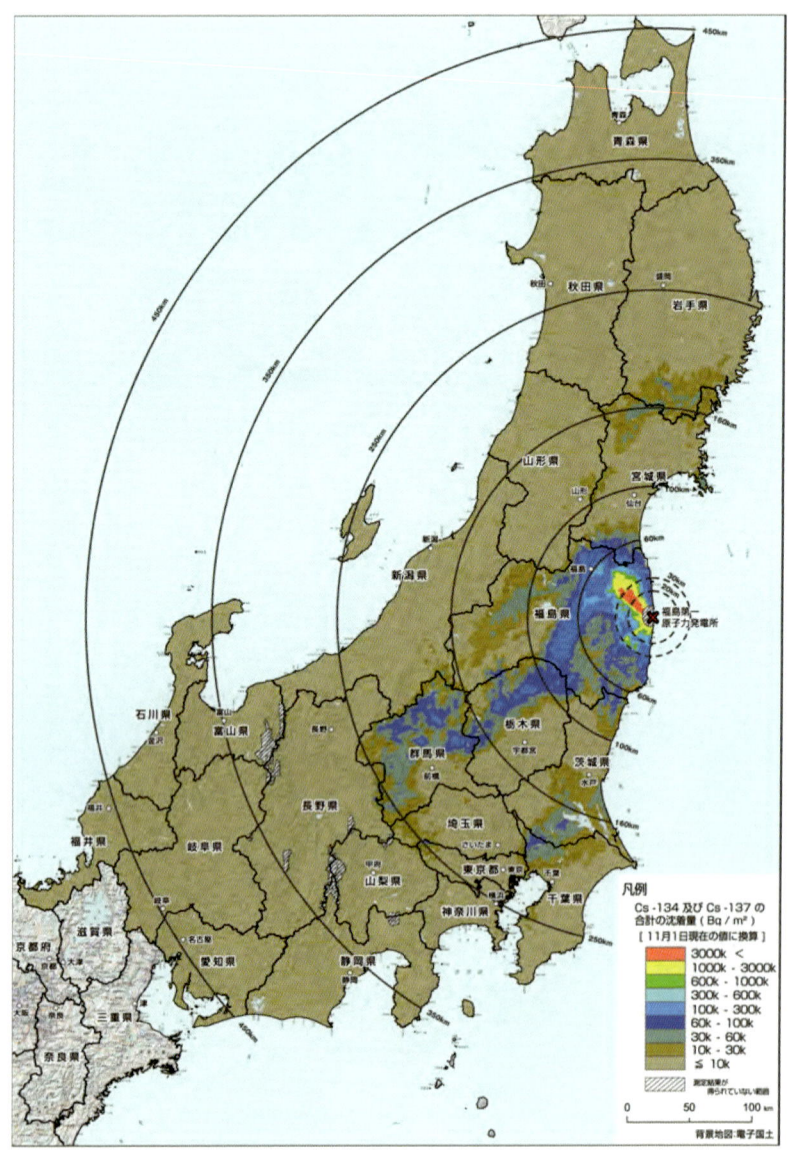

航空機モニタリングによる放射性 Cs の沈着量の予測[16]

はじめに

1. 除染に至る背景と経緯

　2011年3月11日に発生した東日本大震災に伴う東京電力福島第1原子力発電所事故(以下、福島原発事故)により、事故由来の放射性物質による環境の汚染が生じています。地上に降下・沈着した半減期の長い放射性物質は、住宅やその敷地をはじめとして、森林、農地、グラウンドあるいは道路等、国土のあらゆる所に多量に残存しています。そのため、放射性物質の人の健康または生活環境に及ぼす影響を速やかに低減することが喫緊の課題となっています。

　2011年8月、国の原子力災害対策本部(以下、原災本部)において、「除染に関する緊急実施基本方針」[1]が決定され、除染の迅速な実施が閣議決定されました。この基本方針の中で、除染の基本的考え方として、「国は責任をもって除染を推進すること」また「除染モデル実証事業や経験等を通して、効果的な除染を実施するための除染技術とそれの適用方法、除染費用の積算あるいは除染に当たっての留意事項など、除染に必要となる情報[2]を継続的に提供する」ことが明記されています。また、同時に、各市町村が効率的・効果的に除染を実施するために必要な事項について定める「市町村における除染実施ガイドライン」[3]が原災本部から提示されました。

　一方、放射性物質による環境汚染への法的な対応として、2011年8月に「平成二十三年三月十一日に発生した東北地方太平洋沖地震に伴う原子力発電所の事故により放出された放射性物質による環境の汚染への対処に関する特別措置法」(以下、放射性物質汚染対処特措法)が議員立法により可決・成立し、公布されました[4]。また、同法に基づき、放射性物質による環境汚染への対処についての基本的な方向性を示すものとして「放射性物質汚染対処特措法基本方針」[5]が策定されました。この基本方針は、前述の原災本部の緊急実施基本方針を引き継ぐものとして位置づけられています。

　その後、国は「除染技術カタログ」[2]あるいは「除染関係ガイドライン(第1版)」等

を策定し公表をするなど、効率的・効果的に除染を実施するために必要な関係規程類の整備を行いました。なお、除染関係ガイドラインは 2013 年 5 月に改定され、「除染関係ガイドライン(第 2 版)」[6]として公表されています。現在、この「改定第 2 版」に準拠して除染作業が進められています。

除染の対象には、土壌、工作物、道路、河川、湖沼、海岸域、港湾、農用地、森林等が含まれ、極めて広範囲にわたるため、まず、人の健康の保護の観点から必要である地域について優先的に除染を進めていくことが肝要です。また、土壌等の除染に係る目標値については、国際放射線防護委員会(ICRP：International Commission on Radiological Protection)の 2007 年基本勧告[7]および原子力安全委員会の「今後の避難解除、復興に向けた放射線防護に関する基本的な考え方について」[8]等を踏まえて設定されています。

2. 技術進展のための除染関係事業

国は、除染技術の進展を図るために、独立行政法人日本原子力研究開発機構(以下、原子力機構)に「除染関係事業」を委託しました。除染関係事業は、年間の追加被曝線量が 20 mSv(ミリシーベルト)を超えるような高線量の地域を主な対象とし、土壌等の除染措置を効率的・効果的に実施するため、除染技術(除染方法)や作業員の放射線防護に関わる安全確保の方策を確立することを主な目的として次の 2 つの事業から構成されています。1 つは「除染モデル実証事業」であり、2 つは「除染技術実証試験事業」です。後者は、新たな除染技術を民間等から公募により発掘して実証試験を行い、その有効性を評価することを目的としています[12]。

第一の除染モデル実証事業は、年間の追加被曝線量が 20 mSv を超えている放射線量の高い地域を主な対象とし、土壌等の除染措置に係る効率的・効果的な除染方法や作業員の放射線防護に関わる安全確保の方策を確立することを主な目的としています。

具体的には、警戒区域や計画的避難区域等に含まれる 11 の市町村(田村市、南相馬市、川俣町、広野町、楢葉町、富岡町、川内村、大熊町、浪江町、葛尾村、飯舘村)の市町村ごとに一定面積の対象区域を設定し、実用可能と考えられる除染方法等について実証試験を行い、除染効果についての解析等を行うとともに、今後の本格的除染の実施に当たって活用し得るデータの取得・整備を行います。また、これらの取り組みの結果を踏まえ、今後の国や自治体等が除染事業を推進していく際に参考となる「除染に関する手引き書」[12]の原案を作成しています。

第二の除染技術実証試験事業は、実用可能と考えられる有望な新たな除染技術を、民間等も含めて広く公募により発掘し、実証試験を行うことによりその有効性を評価し、今後の除染の実施に役立てることを目的としています。

3. 除染関係ガイドラインの改定

　国(環境省)では、放射性物質汚染対処特措法に基づき、土壌等の除染措置の基準や除去土壌(放射性廃棄物)の処理の基準を定める環境省令などを具体的に説明する「除染関係ガイドライン(第1版)」を、2011年12月に策定したことをすでに述べました。この「第1版」の策定から1年以上が経過し、前述の除染関係事業等による新たな除染技術の開発・改良あるいは実際の除染作業からの知見が蓄積されてきていることなどを踏まえ、2013年5月に「除染関係ガイドライン(第2版)」[6]が取りまとめられ公開されました。

　「改定第2版」の取りまとめに当たっては、これまでの除染作業に関する知見等の結果の分析を実施し、2013年1月には「国および地方自治体がこれまでに実施した除染事業における除染手法の効果について」[9]を公表し、広く意見を募っています。また、同じ2013年1月には、除染において不適正な作業が行われているとの報道があり、除染適正化プログラムを策定し、改定第2版の中に盛り込んでいます。さらに、専門家や除染に係わった有識者、地元の自治体との意見交換等を行い、これらの意見も踏まえて検討を加えて改定第2版が公開されるに至っています。

4. 除染事業の進捗状況

　わが国にとって、放射性物質による国土の汚染はもちろん、除染という概念を実行に移すことも初めての経験です。除染関係ガイドラインに盛り込まれた除染技術に係わる事項も発展途上にあり、今後さらに改良されていくものと考えられます。

　このような状況の下、2012年1月から本格的除染に入ったわけですが、技術の試行錯誤や不適切除染が続いており、除染の進捗状況は、事故後約2.5年が経過した現在において、予定通り進んでいるとは言い難い状況です。汚染の程度が比較的低い田村市などでは除染事業が進んでいますが、汚染の程度が高い葛生村、川俣町、浪江町、大熊町や南相馬市では、本格的な除染が始まっていないところもあります。また、田村市と楢葉町以外においては、農地の除染にはほとんど手がつけられていないようです。

　除染が進まない原因の一つに仮置場の建設の遅れが指摘されています。仮置場の

逼迫あるいは財政的なことも考慮すると、国が目標とする時期に除染が終了することは考えにくく、今後、かなり長期間にわたって除染事業は続くと考えざるをえません。家屋や宅地あるいは道路など、住宅地近辺の放射線量が目標値まで低減したとしても、田畑あるいは森林での仕事が必要な人々、また未帰還の企業で働いていた人々は、自分の住宅に帰還できたとしても仕事はなく生活は成り立たないでしょう。一つの集団の社会として町や村落が成り立つためには、各種の業種がほぼ従来どおりに集まることが必要です。

　国は、除染の進捗および住民の早い帰還を目指して、事故直後に設定された警戒区域（原発から20キロ圏）とその外側の計画的避難区域を、2011年末に、次の3つに再編することを決定しました。なお、再編成については第2章で詳しく述べます。

① 帰還困難区域(年間線量 50 mSv 超)：2012年3月から数えて5年以上戻れない。
② 居住制限区域(同 20 超〜50 mSv)：数年で帰還をめざす。
③ 避難指示解除準備区域(同 20 mSv 以下)：早期帰還をめざす。

5. 本書の内容

　本書は、放射性物質汚染対処特措法とそれの規則等に盛られている規程類に基づくとともに、原子力機構に委託して実施した除染モデル実証事業および除染技術実証試験事業、環境省主体の各種除染技術実証事業等から得られた技術的な情報、あるいは、今までの除染作業の経験に基づいて、除染に関する教科書あるいは参考書として、読みやすくそして理解しやすいように取りまとめたものです。

　第1章では、放射能等に関する基礎的知識をまとめます。放射能と放射線の違い、ベクレル(Bq)とシーベルト(Sv)の意味と違い、放射線の人の健康への影響、環境中における放射性物質(福島原発事故では放射性セシウム)の挙動、土壌と放射性物質の相互作用などについて解説します。

　第2章は除染に係わる法令と規程類を扱います。国の除染への取り組み方や目標、そのための放射能汚染対処特措法と規則、国際放射線防護委員会(ICRP)の基準類、指定廃棄物の処理方法に関する規則等をまとめます。

　第3章では、除染を始めるときに考えておかなければならない事項、すなわち、除染の原理や枠組み、除染モデル実証事業の結果の活用、除染作業計画の立案の方法等について説明します。

　第4章は除染におけるモニタリングを扱います。モニタリングは除染にとって非常に重要な事項であり、どのような除染作業においても、除染開始時と終了後のモ

ニタリングは欠かせません。ここでは、モニタリング計画とそれの実際、放射線測定機器の種類や測定手法などについてまとめます。

　第5章においては土地利用区分ごとの除染方法について解説します。除染対象とする場所は、森林、農地、宅地・建物、グラウンドおよび道路です。対象ごとに除染方法を示すとともに残された課題についても触れます。

　第6章では、除染作業として洗浄等の手法を適用した場合に排出してくる洗浄水（排水）の処理方法およびプール等に溜まっていた滞留水の処理方法を解説するとともに、除去物の減容化の方法についてまとめます。

　第7章では、除去物の仮置場および現場保管場の整備と維持管理を検討します。仮置場等に要求される施設要件と管理要件について説明し、仮置場等の建設における場所の選定や設計上の留意事項、仮置場完成後の監視項目や監視要領あるいは留意事項などをまとめます。除染作業者の被曝管理について最後に検討します。

　第8章では、公募等による除染と減容に関する個別技術として、自衛隊による試行的除染における個別技術（これは公募による個別技術ではありません）、内閣府および環境省が原子力機構に委託して実施した除染技術実証事業における個別技術について、それらの実証試験の結果（効果）および評価（適用の可否）についてまとめて示します。

　実際での除染作業や除去物（廃棄物）の処理においては、技術的条件に加えて、社会的・制度的な条件等を踏まえつつ、放射性物質汚染対処特措法規則や除染関係ガイドラインに定められた規程等に従い実施されます。種々制約事項が多いのですが、除染の柱はやはり技術とその組み合わせです。規程等に従って、また、それの応用動作として技術が活用されることが、除染を円滑に進行させると考えられます。

　除染に関する技術的事項を取りまとめた本書が、除染事業に係わる実務者や除染行政等に携わる方々あるいは今なお苛酷な生活を強いられている被災住民の方々にとって、除染の計画や実施において参考となり、除染の早期終了と被災地における生活圏の確立に資することを願っています。また、発展途上にある除染技術のさらなる進歩に役立てば望外の喜びです。

　執筆にあたっては、巻末に示す多くの公的・私的機関の文献・資料を参考にさせてもらうとともに、多くの図表や写真を引用させていただきました。文献・資料を参照・引用させていただきました各機関の方々に御礼申し上げるとともに、種々ご教示やご助言いただいた各位に対して感謝申し上げます。内容等については説明不

十分な事項や誤謬などもあろうかと思います。読者の皆さんからのご意見等をいただければ幸いです。

2013 年 8 月

著　者

目　　次

第1章　除染のための基礎知識　*1*

1.1　放射能とは　*1*
 1.1.1　放射能、放射線、放射性物質　*1*
 1.1.2　放射線の種類、透過力、被曝　*3*
 1.1.3　ベクレルとシーベルト　*4*
 1.1.4　身のまわりの放射線　*8*
 1.1.5　福島原発事故で放出された放射性物質　*9*

1.2　放射線の健康への影響　*10*
 1.2.1　高線量を一度に被曝したときの影響　*10*
 1.2.2　確定的影響と確率的影響　*11*
 1.2.3　低線量での確率的影響　*12*

1.3　放射性物質の環境中での挙動　*15*
 1.3.1　放射性セシウムの地表への降下・沈着　*15*
 1.3.2　放射性セシウムの粘土鉱物への吸着　*16*
 1.3.3　放射性セシウムの土壌中での分布　*16*

第2章　除染に関する法令と基準類　*19*

2.1　除染に係わる法令等　*19*
 2.1.1　国の除染事業への取り組み　*19*
 2.1.2　除染特別地域での除染の目標　*20*
 2.1.3　警戒区域と計画的避難区域の再編成　*21*
 2.1.4　除染工程の流れ　*23*

2.2　除染に関する基準等の設定　*24*
 2.2.1　ICRP の非常時の放射線被曝対策　*24*
 2.2.2　除染に関する基準の考え方　*26*

2.2.3　除染における放射線量率の基準　27
　　2.2.4　除染に当たっての留意事項　28
2.3　除去物と指定廃棄物　29
　　2.3.1　除去物の発生量　29
　　2.3.2　指定廃棄物　30
　　2.3.3　除去物の安全処理　30
　　2.3.4　除去物処理方針の概要　32

第3章　除染を始める際の基本的事項　35

3.1　除染とは　35
　　3.1.1　除染の原理　35
　　3.1.2　除染の枠組　36
3.2　除染モデル実証事業　37
　　3.2.1　除染モデル実証事業　37
　　3.2.2　除染モデル実証事業の概要　38
3.3　除染作業計画の策定　40
　　3.3.1　計画に盛り込むべき事項　40
　　3.3.2　各計画の概要　41
　　3.3.3　面的除染を念頭に置いた組合せと手順　43
　　3.3.4　除染方法選定の考え方　44

第4章　除染におけるモニタリング　47

4.1　放射線量の測定方法　47
　　4.1.1　放射性物質による汚染の指標　47
　　4.1.2　放射線測定機器の種類　47
　　4.1.3　放射線測定機器の使用方法　50
4.2　除染におけるモニタリング　51
　　4.2.1　除染作業とモニタリング　51
　　4.2.2　モニタリングの仕様　52
　　4.2.3　モニタリングの実際　56
　　4.2.4　測定対象の特徴に応じた測定事例　59

目　次　ix

第5章　土地利用区分ごとの除染　61

5.1　除染関係ガイドライン　61
- 5.1.1　改訂の考え方　61
- 5.1.2　除染関係ガイドラインの概要　62
- 5.1.3　放射線測定に関する基本的事項の確認　63

5.2　森林の除染　65
- 5.2.1　森林除染に関する基礎知識　65
- 5.2.2　森林除染の方法　66
- 5.2.3　森林除染に関する留意事項　70

5.3　農地の除染　70
- 5.3.1　農地除染に関する基礎知識　70
- 5.3.2　農地の除染方法　74
- 5.3.3　表土削り取り　76
- 5.3.4　反転耕　80
- 5.3.5　水による土壌撹拌・除去　82
- 5.3.6　農地除染の留意事項　84

5.4　宅地・建物の除染　85
- 5.4.1　大型構造物の除染　86
- 5.4.2　住宅等の家屋の除染　90

5.5　グラウンドの除染　94
- 5.5.1　グラウンドの除染に関する基礎事項　94
- 5.5.2　グラウンドの除染方法　95
- 5.5.3　グラウンドの除染に関する留意事項　97

5.6　道路の除染　99
- 5.6.1　道路除染に関する基礎的事項　99
- 5.6.2　道路舗装面の除染　100
- 5.6.3　道路除染に関する留意事項　104

第6章　除染に伴う洗浄水等の処理　105

6.1　洗浄水等の処理　105
- 6.1.1　洗浄水等　105

       6.1.2 洗浄水等の処理方法　*105*
       6.1.3 洗浄水等処理の作業性　*110*
       6.1.4 洗浄水等の処理に関する留意事項　*111*
   6.2 除去物の減容　*113*
       6.2.1 可燃性除去物の減容　*113*
       6.2.2 不燃性除去物の減容化　*117*
       6.2.3 可燃性と不燃性の混合除去物の減容　*118*
       6.2.4 除去物処理の作業性　*119*
       6.2.5 除去物の減容に関する課題　*120*
   6.3 除去物の収集と運搬　*122*
       6.3.1 運搬経路の選定　*122*
       6.3.2 除去物の収集と運搬のための要件　*123*
       6.3.3 収集・運搬に関する留意事項　*125*

第7章　仮置場・現場保管場の整備と維持管理　*127*
   7.1 除去物の保管場に関する基礎事項　*127*
       7.1.1 保管場に関する基本的な考え方　*127*
       7.1.2 保管施設に要求される要件(施設要件)　*128*
       7.1.3 保管施設の管理に要求される要件(管理要件)　*133*
   7.2 仮置場・現場保管場の建設　*136*
       7.2.1 仮置場・現場保管場の場所の選定　*136*
       7.2.2 仮置場・現場保管場の設計・建設　*137*
       7.2.3 仮置場・現場保管場の仕様　*145*
   7.3 仮置場・現場保管場の監視　*150*
       7.3.1 監視項目　*151*
       7.3.2 監視の実際　*152*
       7.3.3 施設要件と管理要件を備えた保管の事例　*154*
       7.3.4 仮置場・現場保管場に関する課題と留意事項　*155*
   7.4 除染従事者の被曝管理　*156*
       7.4.1 被曝管理の実際　*157*
       7.4.2 今後の除染における被曝管理　*162*

第8章　公募等による除染・減容に関する個別技術　*163*

8.1　自衛隊による試行的除染における個別技術　*163*
　8.1.1　本事業の概要　*163*
　8.1.2　試行的除染の結果と評価　*164*

8.2　内閣府による除染技術実証事業における個別技術　*168*
　8.2.1　本事業の概要　*168*
　8.2.2　実証試験の結果と評価　*170*

8.3　環境省による除染技術実証事業における個別技術　*174*
　8.3.1　本事業の概要　*174*
　8.3.2　実証試験の結果と評価　*174*

おわりに　*179*

参考資料　*189*

索　引　*193*

第1章
除染のための基礎知識

1.1　放射能とは

1.1.1　放射能、放射線、放射性物質
(1)　放　射　能

　世の中のすべての物質は「原子」でできています。私たちの身体も原子の集まりで成り立っています。原子には水素や酸素等いろいろな種類のものがありますが、大部分の原子は安定した性質で、圧力を加えても、熱しても、化学反応を起こしても、他の原子に変わることはありません。

　しかし、原子の中のごく一部のものは不安定な性質を持っており、エネルギーを放出して安定した別の原子に変わろうとします。これを「原子核崩壊」と言います。崩壊のときに出るエネルギーが「放射線」です。放射線にはアルファ(α)線、ベータ(β)線、ガンマ(γ)線等があります。放射線を出す物質のことを「放射性物質」と言います。「放射能」とは、放射線を放出する放射性物質の能力を意味します。数量的には1秒間当たりに崩壊する原子の数で示されます。

　図1.1のように、放射性物質を線香花火の火種にたとえると、火花は放射線、火種の火花を出す能力が放射能です。電球と光にたとえることもできます。電球は放射性物質、電球の出す光は放射線、光を出す電球の能力(ワット数、カンデラ)は放射能に相当します。

(2)　半減期(放射能の減り方)

　放射性物質はもともと不安定な物質で、不安定の元となる余分なエネルギーを放射線として放出しながら、別の物質に変わっていきます。同時に、放射線を出す能力(放射能)がだんだん減っていきます。放射能が半分になるまでの時間を「半減期」と言い、この時間は放射性物質の種類によって決まっています。半減期の概念を図

第1章　除染のための基礎知識

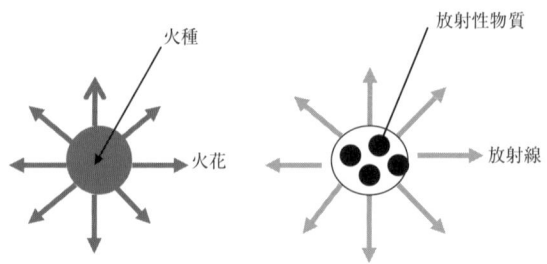

火種：放射性物質
火花：放射線
火種の火花を出す能力：放射能（放射線を出す能力）
火花の量が半分になるまでの時間：半減期
火花の強さ：放射能の強さ（ベクレル：Bq）
火花が当たったときの熱さ：人体への影響（シーベルト：Sv）

図 1.1　線香花火の火花と放射性物質の放射線

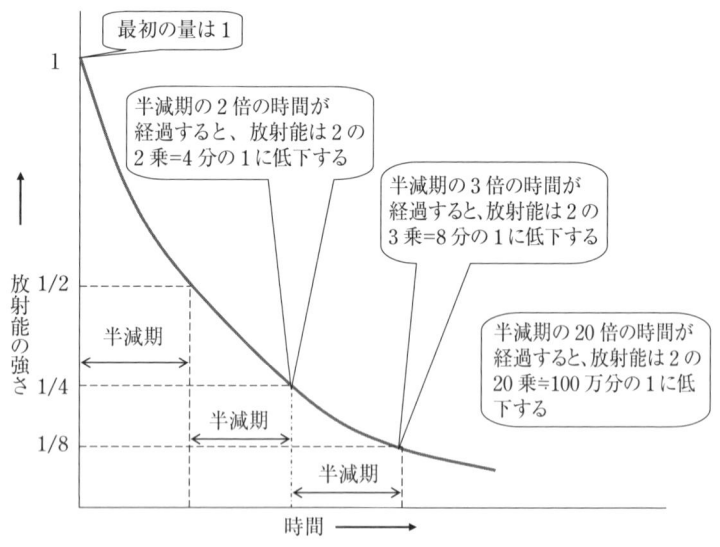

図 1.2　放射性物質の半減期の概念

1.2 に示します。放射能の強さは、ある一定の時間が経過すると半分に低下し、さらに一定時間が経過すると、またその半分に低下する状況を表しています。

したがって、放射能の強さは、例えば半減期の3倍の時間が経過しますと、放射

能の強さは $1/2^3=1/8$、すなわち 8 分の 1 に低下します。このように、放射性物質は崩壊を繰り返し、徐々に安定な物質へ変化していきます。安定な物質になると放射線を放出しなくなります。半減期の長さは放射性物質ごとに異なり、数秒の短いものから 45 億年と長いものまで様々です。半減期の数例を表 1.1 に示します。

表 1.1 放射性物質の半減期の例[33]

放射性物質 （数値は質量数）	種類	半減期
ラドン 222	天然	3.8 日
ウラン 238	天然	45 億年
プルトニウム 239	人工	2 万 4 千年
鉛 214	天然	27 分
ストロンチウム 90	人工	29 年
ヨウ素 131	人工	8 日
カリウム 40	天然	12.5 億年
セシウム 134	人工	2 年
セシウム 137	人工	30 年
コバルト 60	人工	5 年

1.1.2 放射線の種類、透過力、被曝
(1) 放射線の種類

放射線は、粒子が高速で動く「粒子線」と、光や電波に似た波の性質を持つ「電磁波」とに分けることができます。アルファ線、ベータ線、中性子線は粒子線です。電磁波の中で高いエネルギーを持つものがガンマ線とエックス線です。

(2) 放射線の透過力

放射線の被曝を防ぐ基本は、距離、時間、遮蔽の 3 つです。

① 距離：放射線の影響は距離の 2 乗に比例して弱くなります。例えば、放射線の源から 10 m 離れると、放射線の影響は 1 m の場所の 100 分の 1 ($1/10^2$) になります。

② 時間：作業等のために放射線を受ける場合、作業時間をできる限り短くし、放射線を受ける時間を短縮すると、それだけ被曝する量が少なくなります。

③ 遮蔽：放射線には物質を通り抜ける性質がありますが、放射線の種類に合わせて鉛、コンクリート、水等を使って放射線を遮ることができます（図 1.3）。

(3) 放射線の被曝

放射線を受けることを「放射線被曝」と言います。人の放射線被曝には 2 通りあります。放射性物質が体の外部にあり、体外から放射線を受ける（被曝する）ことを「外部被曝」と言います。例えば、宇宙や大地から自然放射線を受けたり、エックス線撮影等で人工放射線を受けたりすることは外部被曝になります。一方、放射性物質が体の内部にあって、体内から被曝することを「内部被曝」と言います。私たちが口にする飲み物や食べ物、空気の中には自然の放射性物質が含まれているため、これらを摂取したり吸ったりすることで内部被曝は起こります。

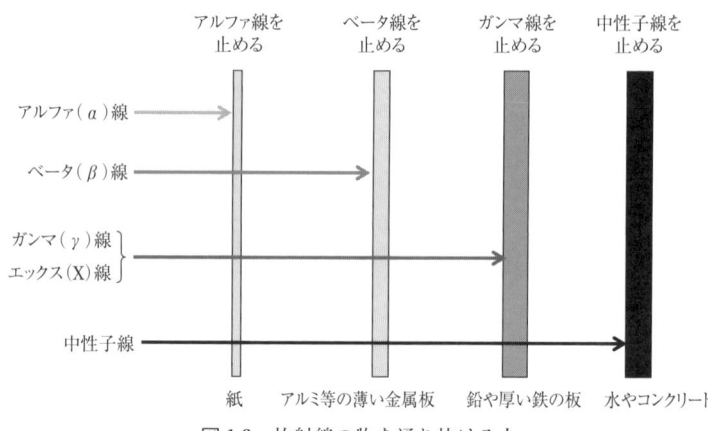
図 1.3　放射線の物を通り抜ける力

　被曝による体への影響の度合いは「シーベルト(Sv)」という単位で表されます。1年間の自然放射線による内部被曝は、世界平均で 1.5 mSv(ミリシーベルト)程度、外部被曝は 0.9 mSv 程度とされています。Sv(シーベルト)の数値が同じであれば、外部被曝でも内部被曝でも体への影響は同じです。

　内部被曝の場合には、身体中の放射性物質が崩壊し終わるまで継続して被曝します。外部被曝では、新たな放射線が来なければ継続して被曝することはありません。アルファ線は、紙でも遮ることができる放射線なので、外部被曝は実質的には無視することができ、被曝を考慮する必要があるのは内部被曝だけです。

1.1.3　ベクレルとシーベルト

　ベクレル(Bq)は放射能の強さを表す単位で、放射性物質から 1 秒間に放射線が何回出るかを表します。例えば、10 Bq の放射能を持つ放射性物質は、1 秒間に 10 回放射線を出しています。しかし、放射線にはアルファ線、ベータ線、ガンマ線等の種類があり、同じ 10 Bq でも、出てくる放射線の種類によって身体への影響が異なります。このため、ベクレルの数値だけでは私たちの身体への影響はわかりません。

　放射線量(単に線量とも言います)の単位としては、グレイ(Gy)と前述のシーベルト(Sv)が用いられます。グレイは人体が吸収した線量の単位で、放射線を受けて吸収したエネルギーの量を表します。1 Gy は、人体等の物質 1 kg 当たり 1 J(ジュール)のエネルギーを吸収したことを意味します。やはり、グレイでも私たちの身体

への影響はわかりません。

同じ線量の単位で、日常よく使われ、メディアでもよく耳にする単位がシーベルトです。人体が放射線を受けた(被曝した)ときに健康影響の大きさを測る目安として使われます。放射線の種類や強さを考慮して、人間の体が放射線によってどれだけ影響を受けるかを表す単位としてシーベルト(Sv)がつくられました。1 Sv の 1,000 分の 1 が 1 mSv(ミリシーベルト)、さらにその 1,000 分の 1 が μSv(マイクロシーベルト)となります。放射能と放射線の単位についてまとめると、表 1.2 のようになります。

表 1.2 放射能と放射線の単位

		単位	説明
放射能		ベクレル (Bq)	放射線を出す能力を表す単位。1 Bq は 1 秒間に 1 個の原子核が崩壊すること
放射線	吸収線量	グレイ (Gy)	放射線のエネルギーが物質にどれだけ吸収されたかを表す単位。1 Gy は物体 1 kg 当たり 1 J のエネルギー吸収があるときの線量
	等価線量 (被曝線量)	シーベルト (Sv)	人が放射線を受けたときの影響の程度を表す単位。Sv は Gy に放射線の種類や人体の性質ごとの係数をかけたもの

(1) 外部被曝でのベクレルからシーベルトへの換算

外部被曝の場合の人体への影響の大きさの目安となるシーベルトは、グレイに「放射線荷重係数」(放射線の種類とエネルギーによる影響を補正するための係数)を乗じて、次の関係で換算できます。

$$\text{等価線量(Sv)} = \text{吸収線量(Gy)} \times \text{放射線荷重係数} \tag{1-1}$$

式 (1-1) から求められる線量を「等価線量」と言い、報道等で私たちが耳にする線量はこの等価線量のことで、例えば、年間の被曝線量を表す場合には、Sv/年、mSv/年あるいは μSv/年のように表現します。国際放射線防護委員会(ICRP: International Commission on Radiological Protection)勧告の放射線荷重係数を表 1.3 に示します。現在の日本の法令や規程類では表 1.3 の数値が用いられています。

表 1.3 の放射線荷重係数を用いると次のような関係となります。

ガンマ線 1 mGy の被曝＝1 mGy×1(放射線荷重係数)＝1 mSv の被曝
アルファ線 1 mGy の被曝＝1 mGy×20(放射線荷重係数)＝20 mSv の被曝

表 1.3　ICRP の 1990 年勧告の放射線荷重係数 [14]

放射線の種類	放射線荷重係数
光子(エックス線、ガンマ線等)	1
電子(ベータ線等)、ミュウー粒子	1
中性子	5〜20
陽子	5
アルファ粒子、核分裂片、重原子核	20

このように、1 mGy の被曝の場合、ガンマ線では 1 mSv、アルファ線では 20 mSv の被曝となります。シーベルトで表された線量は、放射線の種類によらず、人体に対して同じ影響を与えることを意味します。

(2) **外部被曝線量の推定計算**

大気中の放射性物質から受ける被曝(外部被曝)に関しては、次のような考え方を用いて簡単に推定が可能です。

外部被曝量(μSv) ＝ 空間線量(μSv) × 屋外にいた時間(h)　　　(1-2)

東京の人々の被曝線量について、文部科学省が発表している福島原発事故発生後からのデータを用いて計算してみます。2011 年 3 月 14 日〜4 月 11 日までの 29 日間の空間線量による被曝線量の推定(計算)を考えます。この 29 日間の文部科学省発表の東京の空間線量の平均値は 0.0927 μSv/h です。したがって、1 日中この空気で呼吸していたとすると、この 29 日間の被曝線量は次のようになります。

外部被曝量(μSv) ＝ 0.0927 μSv/h × 24 h × 29 日 ＝ 64.5 μSv　　　①

原発事故等のない場合の東京の通常時の空間線量は 0.028〜0.079 μSv/h です。その中間の値 0.0535 を採用すると、平常時に常に受けている被曝線量は、

平常通常時の被曝量(μSv) ＝ 0.0535 μSv/h × 24 h × 29 日 ＝ 37.2 μSv　　　②

①と②の差が原発事故による追加被曝線量となります。

事故による追加被曝線量(μSv) ＝ ① − ② ＝ 64.5 − 37.2 ＝ 27.3 μSv　　　③

屋外と屋内に居た時間がわかり、屋内外の空間線量がわかれば、同じ考え方で屋内と屋外に居た時の被曝線量を各々計算することができます。いま、屋外の空間線量が 0.1 μSv/h の場所に 1 日 8 時間滞在し、空間線量が 0.03 μSv/h の屋内(室内)

に1日16時間滞在するとします。半減期を考慮しなければ、1年間の外部被曝量は次のように算定できます。

$$\text{年間被曝量} = (0.1\,\mu\text{Sv/h} \times 8\,\text{h} + 0.03\,\mu\text{Sv/h} \times 16\,\text{h}) \times 365\,\text{日} = 467\,\mu\text{Sv/年}$$
$$\fallingdotseq 0.47\,\text{mSv/年}$$

(3) 内部被曝線量の推定計算

内部被曝線量は、国際放射線防護委員会(ICRP)の報告に基づいて「実効線量係数」を用いて下記の計算式で推定できます。

$$\text{内部被曝量}(\mu\text{Sv}) = \text{実効線量係数}(\mu\text{Sv/Bq}) \times \text{放射性物質濃度}(\text{Bq/kg})$$
$$\times \text{飲食した量}(\text{kg}) \qquad (1\text{-}3)$$

実効線量係数としては、ICRPの報告をもとに、放射線医学総合研究所[14]がまとめた表1.4の値を用いることができます。いま、54,100 Bq/kgのヨウ素131が検出されたほうれん草を、仮に、おひたしにして1回(40 g)食べた場合、成人が受ける放射線量(内部被曝線量)は、

$$\text{内部被曝線量} = 0.022\,(\mu\text{Sv/Bq}) \times 54,100\,(\text{Bq/kg}) \times 0.04\,(\text{kg}) = 47.61\,(\mu\text{Sv})$$

ここで、0.022 μSv/Bqは実効線量係数です。また、1,931 Bq/kgのセシウム134が検出されたほうれん草を、仮に、おひたしにして1回(40 g)食べた場合、成人が受ける放射線量(内部被曝線量)は、

$$\text{内部被曝線量} = 0.019\,(\mu\text{Sv/Bq}) \times 1,931\,(\text{Bq/kg}) \times 0.04\,(\text{kg}) = 1.47\,(\mu\text{Sv})$$

表1.4 実効線量係数(単位：μSv/Bq)[14]

	ヨウ素131	セシウム137	セシウム134
乳児(3ヶ月)	0.18	0.020	0.026
幼児(1〜2歳)	0.18	0.012	0.016
子供(3〜7歳)	0.10	0.0096	0.013
成人	0.022	0.013	0.019

※ 経口摂取。ICRP Database of Dose Coefficients: Workers and Members of the public, CD-ROM, 1998を基に放射線医学総合研究所で編集。

1.1.4　身のまわりの放射線

放射線には、自然界に存在する「自然放射線」と、人間がつくり出した「人工放射線」の2種類があり、私たちは日常生活の中で種々の自然放射線に被曝しています。宇宙線や地球(大地)から飛んでくる放射線、食物や空気に含まれる天然の放射性物質からの放射線等は「バックグラウンド放射線」と呼ばれています。

(1) もともと自然にある放射線

46億年前に地球が誕生したときから、宇宙や地球には放射性物質が存在しています。地球誕生の頃には現在の数千倍もの放射線や紫外線が存在していたと言われ、そうした環境の中で生命は生まれ進化を遂げてきました。

現在でも、宇宙からの放射線や地球の空気、岩石、食べ物等の中に様々な放射性物質が存在し、私たちは常に自然の放射線を受けながら生活しています。その被曝線量は、世界平均で年間に1人当たり2.4 mSv(宇宙から0.39 mSv、大地から0.48 mSv、食べ物から0.29 mSv、呼吸によって1.26 mSv)と言われています。

(2) 地域で変わる放射線量

自然放射線の量は地域によって異なります。これは主に大地の土壌や岩石の違いによるもので、例えば、花崗岩にはウラン、トリウム、カリウム40等の放射性物質がわずかな量ですが多めに含まれています。このため、東日本に比べ天然の花崗岩が多く分布している西日本の方が、大地からの放射線量が多い傾向にあります。また、世界には中国やブラジル、インド、イラン等の自然放射線量の多い地域があります。年間10 mSv(世界平均の年間1人当たり2.4 mSvの4倍ほど)の地域もありますが、こうした地域の人々に健康上の問題はありません。

(3) 宇宙からの放射線量

宇宙から受ける放射線は高度が高くなるほど多くなります。例えば、東京とニューヨークを航空機で往復すると0.2 mSvの放射線を受けます。また、乗務員は1年間で最大約1,000時間航空機に搭乗しますが、それにより受ける放射線は5 mSv程度です。さらに宇宙で働く宇宙飛行士は、1日に1 mSvの放射線を受けていて、地球上で受ける半年分の放射線の量を1日で受けることになります。また、宇宙飛行士は、生涯に受ける宇宙からの放射線量の上限が宇宙飛行士ごとに600〜1,200 mSvと決められています(2009年に国際宇宙ステーションに滞在した若田光一さんは上限900 mSvと決められています)。

(4) 医療で受ける放射線

放射線は、医療の分野で治療や検診等に役立てられています。これによって受け

る放射線量は、胸のエックス線集団検診1回で0.05 mSv、胃のエックス線集団検診1回で0.6 mSv、CTスキャンで6.9 mSvとなっています。日本人は平均して一人当たり年間に医療で2.25 mSvの放射線を受けています。

(5) 核実験とセシウム137

1950～60年代には、アメリカや旧ソ連等による大気圏内での核実験により、日本の国土にも現在の約1,000～10,000倍のセシウム137が約10年間にわたり降下していました。現在50～60歳代以上の人は、こうしたセシウム137からの放射線を受けてきましたが、それによる健康影響が出ているということはありません。また、核実験等により地表に降下したものが農作物や牛乳等を経て私たちの体内に取り込まれることで、わずかな量ですがセシウム137は体の中にも存在しています。

1.1.5 福島原発事故で放出された放射性物質

福島原発事故で放出され、現在、除染で対象となっているのは放射性セシウム(Cs)です。ヨウ素131は、半減期が8日ですから、すでに消失して存在していません。放出された放射性セシウムは、質量数134の半減期約2年のセシウム134(以下、Cs-134)と質量数137の半減期約30年のセシウム137(以下、Cs-137)の2種類です。Cs-134とCs-137がそれぞれ約2京(2×10^{16})Bq、合わせて約4京Bqの放射性Csが放出されたと推定されています。1京は1の後に0が16個付く数です。

以降、本書では、放射性・非放射性にかかわらず、セシウムの総称として一般的な性質を述べる場合はCs、放射性のCs-134およびCs-137の双方について述べる場合は放射性Cs、セシウムの陽イオンとしての挙動を述べる場合はCs+と記述します。

(1) ヨウ素131(I-131)

ヨウ素131は、ウラン燃料が核分裂をしたときに生じます。常温ではガス状の放射性物質です。人間の体内に入ると、そのほとんどは吸収されることなく排出されますが、一部が喉仏の下にある甲状腺に集まる性質があります。長期間にわたって大量に蓄積した場合には、甲状腺がんの原因となる恐れがあります。

ヨウ素131(I-131)の半減期は8日です。したがって、数ヶ月で放射能はほとんどなくなります。また、人間の体内に取り込まれた場合でも、尿等から排出されていくため、長期にわたって強い放射線を受け続けるわけではありません。I-131は、空気中のものであればマスク等で吸収を防ぐことができ、野菜等に付着したものなら洗う、煮る(煮汁は捨てる)、皮や外葉をむくこと等で減少させることができます。

(2) セシウム 134(Cs-134)

Cs-134 は人工的につくられる放射性物質で、天然での生成量は極めて少量です。Cs-134 はベータ線を出して崩壊し、バリウム 134 となり、ガンマ線を放出します。1986 年の旧ソ連のチェルノブイリ原発事故では、4 京 (4×10^{16}) Bq の Cs-143 が放出したとされています。Cs の化学的性質と体内摂取後の挙動は、生物にとって重要な元素であるカリウム(K)と似ています。カリウムは、体内に入りますと全身に分布し、その約 10％ は速やかに排泄されますが、残りは体内に滞留すると言われています。Cs も体内ではカリウムとほぼ同じ挙動を示すと考えられています。

(3) セシウム 137(Cs-137)

Cs-137 はウラン燃料が核分裂をしたときに生じる放射性物質です。人間の体内に入ると、筋肉に集まりやすい性質がありますが、そのほとんどは吸収されることなく排出されます。Cs-137 の半減期は 30 年ですが、人間の体内に取り込まれた場合でも、尿等から排出されていくため、数ヶ月程度ごとに半分に減っていきます。また、Cs-137 は、空気中のものであればマスク等で吸収を防ぐことができ、野菜等に付着したものなら洗う、煮る(煮汁は捨てる)、皮や外葉をむくこと等で減少させることができます。

(4) 放射性セシウムの特徴

Cs-134 および Cs-137 とも沸点が低く、気体になりやすいため遠くまで運ばれ、雨等と共に地表に降下、沈着し、土壌中に含まれる粘土や有機物に吸着(固定)し、土壌中ではあまり移動しません。Cs は、周期律表ではカリウム(K)やナトリウム(Na)の系列で、土壌中でカリウムとよく似た挙動を示し、植物に吸収されるときは、根や葉から吸収されます。原発事故で土壌に降下した Cs の濃度は、土壌中に存在している他の元素(例えば、カリウム等)に比べると桁違いに低い状態にあります。

1.2 放射線の健康への影響

1.2.1 高線量を一度に被曝したときの影響

これまでの疫学調査等から、数百 mSv 以上の放射線を一度に受けると、身体にいろいろな症状が出ることがわかっています。一度に全身に受けた場合には、500 mSv で血液中のリンパ球が一時的に減少し、1,000 mSv で 10％ の人に嘔吐や倦怠感が起こり、3,000～5,000 mSv で 50％ の人が死亡するとされています[14]。

また、一度に全身ではなく局部的に放射線を受けた場合には、500 mSv以上で水晶体の混濁や脱毛、永久不妊、白内障、急性潰瘍等が起こることがわかっています。図1.4に放射線量と急性障害の概要を示しました。

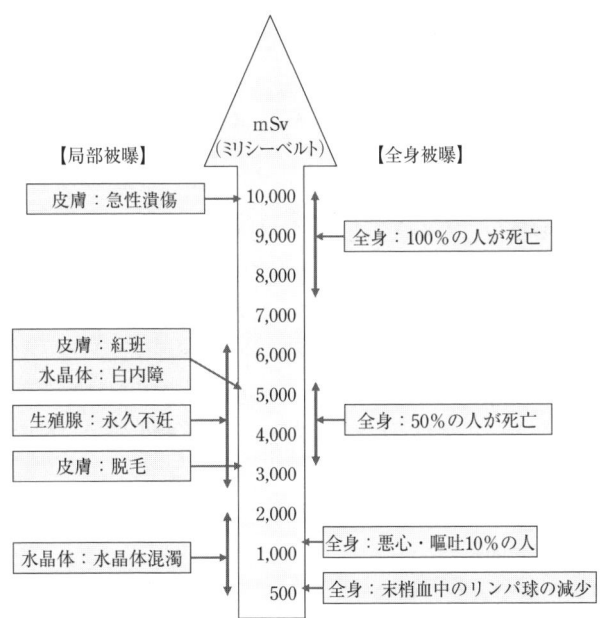

図1.4 大量の放射線を一度に受けたときの症状の例（がんや遺伝的影響は除く）

1.2.2 確定的影響と確率的影響

被曝線量に閾値（いきち、しきいち）が存在し、この線量を超えて被曝したときにだけ現れる影響を「確定的影響」と言います。被曝した線量がどんなに小さくてもリスク（がんの発症確率）がゼロではなく、被曝線量に比例して発症確率が大きくなるという考え方（仮定）の放射線の影響を「確率的影響」と言い、しきい線量が存在しないと考えます。図1.5(a)は確定的影響の概念を、(b)は確率的影響の概念を表しています。

現在までの知見では、しきい線量の最も低い臓器は男性の生殖腺で、150 mSv以上の放射線を受けると、一時的な不妊が生じると言われています。また、全身に500 mSv以上の放射線を受けると、一時的に末梢血液中のリンパ球の減少が認めら

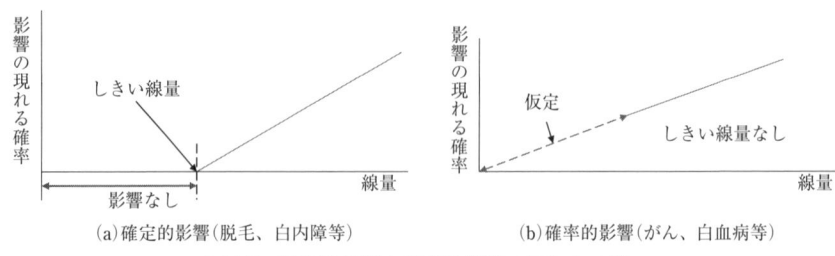

図 1.5　確定的影響と確率的影響の現れ方の違い

れるとされています。

　一方、確率的影響は主にがんを指します。しきい線量がなく、被曝線量が増えるに従い、発生する確率が増加すると仮定する考え方です。この仮定に基づきますと、低線量被曝でもがんになるリスクがあることになります。しかし、がんの原因は一つではなく、多くの要因（例えば、タバコや食事等）が長年にわたって積み重なって起こると考えられています。したがって、がんの発症が放射線によるものかどうかの識別は困難で、しきい線量以下における発症率の直線仮定は、科学的に明らかにされているわけではありません。

1.2.3　低線量での確率的影響
(1)　国際放射線防護委員会の見解

　福島原発事故によって、私たち国民は、放射線のリスクをどう考えればいいのかという疑問に出会いました。低線量とはいえ、土壌や海水の汚染による食品や水への影響はどのくらいなのか、体内に取り込んだ放射性物質で長く被曝したらなにが起きるのかなど、どこに住んでいても不安が募ったのを経験しました。

　また、福島原発事故に関連して、多くの暫定基準等が提示されました。放射線の影響について、わが国でとられている対策や規制の拠り所をたどると、国際放射線防護委員会(ICRP)に行き着くようです。この ICRP によって健康リスク（健康影響）の目安として提示され、低線量被曝の場合の様々な規制の拠り所になっているのは、「累積 100 mSv の被曝をしたときに、がんに罹る人の割合が 0.5％、つまり、1,000 人に 5 人の確率（割合）で増える」という考え方です。

　現在、わが国においてがんに罹る人の割合は約 30％（1,000 人に約 300 人）と言われています。ICRP の見解である「累積 100 mSv の被曝によってがん患者が 0.5％増える」を適用しますと、「1,000 人に 300 人」だったがん患者が「1,000 人に 305 人」に

増えることになります。ただ ICRP は同時に、この見解(仮定)は科学的に確実なものではなく、起こる可能性のある障害を予防するという考え方であり、100 mSv よりも低い線量で出るがんの症例数を計算するといった、影響の数値的な評価には不確実性が大きく、適切でないと述べています。不確実性が大きいとはいえ、各国とも、各種規制や基準の根拠として ICRP の考え方(仮定)を用いています。

一方、非常に低線量被曝の場合、被曝した時に症状が出なくとも、何年も後にがんになることがあります。そのため、ICRP では一般公衆がこれ以上被曝してはいけないという限度を勧告しており、わが国でもこの値を採用しています。それによると、一般公衆の被曝限度は、1 年間で 1 mSv となっています。ただし、この線量の被曝が安全だというわけではありません。前述のように、微量の被曝でも被曝線量に応じた影響が出ることになり、ICRP では、1 年間に 1 mSv 被曝すると、1 万人に 0.5 人ががんで死亡するとしています。

(2) **放射線による遺伝的影響**

広島・長崎で原爆の被害を受けた方々の子供や、自然放射線のレベルが通常の 2〜5 倍高い地域(インドのケララ地方や中国等)で生まれた子供あるいは放射線科の医師の子供等を対象に、これまで多くの調査が行われてきました。その結果、死亡率や染色体異常の発生率等、子供への遺伝的な影響は確認できていません。人間の遺伝子は放射線等で傷付けられても、ある程度は傷を修復する仕組みが具わっているためと考えられています。

(3) **妊娠・授乳中の女性への影響**

1 L 当たり 200 Bq 前後のヨウ素 131 を含む水道水を、妊娠期間中(280 日間)に毎日 1 L ずつ飲むと仮定した場合、受ける放射線量は 1.23 mSv となります。一方、胎児に悪影響が出るのは 1 度に 50 mSv 以上の放射線を受けた場合と考えられています(100 mSv 以上とする意見もあります)。こうしたことから、妊娠中や授乳中の女性が 1 L 当たり 200 Bq 前後の放射性物質を含む水道水を毎日飲んでも、母体や胎児の健康への被害は起こらないと考えられています。

(4) **年令による放射線発がんに対する感受性の違い**

様々な疫学調査によりますと、子供は大人に較べて放射線発がんに関する感受性が高いことがわかっています。それは、分裂を繰り返している細胞ほど、発がんの可能性か高くなるからです(ベルゴニー・トリボンドウの法則)。大人に較べ、子供は細胞分裂や物質代謝が盛んなので、放射線に対する感受性が高くなると考えられています。乳がん、甲状腺がん、白血病は、被曝時の年齢が低いほど発生率が高く

なり、被曝時の年齢が10歳以下（胎児を含む）の場合、生涯にわたるがんの確率は成人に比べて2～3倍高いという専門家もいます。

(5) **放射線による発がんリスクの比較**

　低線量被曝での発がんリスクに限らず、リスクを考えるとき、他のリスク要因と比較するとよく理解できます。放射線の被曝は健康にとってどのくらいのリスク要因になるのか。国立がん研究センターは、生活習慣や嗜好品によるリスクと比べる目安として表1.5を示しています。

表1.5　放射線と生活習慣によってがんになるリスク（40～69歳の日本人）[34]

要因	比較対象	過剰発がんリスク（倍）
1,000～2,000 mSvの放射線を受けた場合	被曝なし	1.8
喫煙、飲酒（毎日3合以上）	非喫煙者、時々飲む	1.6
やせすぎ	正常者	1.29
肥満	正常者	1.22
200～500 mSvの放射線を受けた場合	被曝なし	1.19
運動不足	正常者	1.15～1.19
塩分の取りすぎ	正常者	1.11～1.15
100～200 mSvの放射線を受けた場合	被曝なし	1.08
野菜不足	1日摂取量が420 g	1.06
非喫煙女性の受動喫煙	夫が非喫煙者	1.02～1.03

　もちろん、酒やタバコ、食生活、運動等の生活習慣のように、自分で選択したり管理したりできるものと、原発事故で強いられた被曝を単純には比べられませんが、リスクを相対的に考えるうえで参考になると思います。ただ、がんの原因は一つではなく、前にも述べたように、多くの要因が長年にわたって積み重なって起こると考えられています。したがって、がんについてそれが放射線によるものかどうかの識別はかなり困難なこととされています。

(6) **放射線から身を守る基本**

　放射線から身を守る基本は、「距離」、「時間」、「遮蔽」の3つです。放射線は、距離の2乗に反比例して弱くなります。つまり、放射線が出ている場所から1 mの場所と比べ、100 m離れた場所では放射線量は$100^2 = 10,000$分の1に減少します。このため「退避・避難」することは身を守るもっとも有効な手立てとなります。また、早めに退避することで放射線を受ける「時間」が短くなります。一方、放射線が少量ならば、「屋内退避」だけでも、透過力の弱い放射線を遮ることができます。

1986年の旧ソ連のチェルノブイリ原発事故では、地域住民の間で白血球が減ったり髪の毛が抜けたりといった症状(確定的影響)は観察されていません。地域住民に確認されている影響は、高濃度の放射能に汚染された地域の子供たちの甲状腺がん(確率的影響)の増加だけです。これは当初、旧ソ連が事故の発生を認めず、早い段階での避難や食品の摂取制限等を適切に行わなかったため、高濃度の放射性ヨウ素131を含む牛乳を、事故後も飲み続けたことが主な要因と言われています。

　安定ヨウ素剤は、放射能をもたないヨウ素(ヨウ化カリウム)を含む薬剤です。放射能をもつヨウ素131(I-131)の摂取が予測される直前、または数時間前から直後までに服用し、あらかじめ甲状腺にヨウ素を蓄積させておくことで、I-131のほとんどを体外へ排出させます。

　この安定ヨウ素剤は、原子力施設が立地されている市町村に配備されています。子供に対して効果的ですが、甲状腺機能の低下やアレルギー反応等の副作用もあり、医師等の指示に従って服用することになっています。また、100 mSv以上の放射線を甲状腺が受けると見込まれない限り、服用するべきではないという意見もあります

1.3　放射性物質の環境中での挙動

1.3.1　放射性セシウムの地表への降下・沈着

　大気中に放出された放射性Csは、風により運ばれ、降雨により地表面や海面へ降下します。国立環境研究所によると、福島原発事故では、陸域に沈着した放射性Csは全体の約22%(8.8×10^{14} Bq)と推定されており、現在も農地や市街地の建物、土壌、道路面、コンクリート面、そして森林の葉や樹皮、落ち葉等に大量に残存しています。

　2011年11月の航空機による放射性Csの土壌への沈着量の広域モニタリング結果を示したのが口絵にある図です。300万 Bq/m^{2}を超える高濃度の範囲が原発から北西方向へ広がっており、沈着量が6万 Bq/m^{2}を超える範囲は福島県内だけではなく、その他の県の一部地域まで広がっています。

　放射性Csの地表面への降下・沈着は、福島原発事故(2011年3月11日)の後、主に3月15～16日および3月20～22日の期間に起こっています。大気中を放射性物質を含む空気塊が通過したタイミングで降雨があった地域で生じたことが、国立

環境研究所の大気輸送沈着シミュレーションで示されています[17]。大気中の放射性物質の濃度は3月中旬から下旬をピークに大幅に低減しており、それ以降、大規模な降下・沈着は生じていません。

1.3.2　放射性セシウムの粘土鉱物への吸着

　放射性Csが大気中に放出された場合、イオン態(Cs^+)として雨に溶けた状態で地表に降下する割合が大きいと考えられています。雨水に溶けた放射性Csは土壌に降下すると、同族のカリウムの陽イオン(K^+)と同様に1価の陽イオン(Cs^+)として挙動します。土壌中の粘土鉱物や有機物は負の電荷を帯びているため、正電荷を帯びた陽イオンを引き付けて土壌の表面にとどめる性質があります[18]。

　また、陽イオンCs^+は、有機物や粘土鉱物に吸着している他の陽イオンと容易に置き換えられる性質があります。このようにイオンが置き換わる反応をイオン交換反応と言います。とくに、Cs^+は、ある種の粘土鉱物の持つ負電荷に強く吸着(固定)され、他の陽イオンによって簡単に置き換えることができなくなります。通常は、土壌中の陽イオンの中で最も存在量が豊富なK^+が吸着している場合が多いのですが、Cs^+はK^+等を追い出してこの場所を埋めることができます。

　土壌によってCs^+を引き付ける強さが異なるのは、粘土鉱物や有機物の含有量等の違いに原因があります。土壌中の放射性Csの吸着量を粘土、シルト、砂に分けて調べた例では、半分以上が粘土に吸着しており、そのうち粘土鉱物との強固な結合態が70％程度と確認されています。

1.3.3　放射性セシウムの土壌中での分布
(1)　沈着直後の濃度分布

　地表面に降下沈着し地表面付近の土壌中の放射性Csは、粘土鉱物等に吸着して動きが遅くなります。図1.6に福島県飯舘村八木沢の土壌中の放射性物質濃度の経時変化を示します。半減期が約8日のヨウ素131(I-131)の濃度は、事故当初の数十万Bq/kgから6月には100 Bq/kg未満と1/1,000以下まで低下しています。一方、半減期が約2年のCs-134と約30年のCs-137は大きな減少傾向は見られず、1万Bq/kg以上の濃度で土壌中に残存しており、除染において大きな課題となることが予想できます。

　福島原発事故以降、多くの場所で土壌中の放射性Csの測定が行われています。一例として、土壌サンプリングと土壌中のガンマ線モニタリングによって得られた

1.3 放射性物質の環境中での挙動

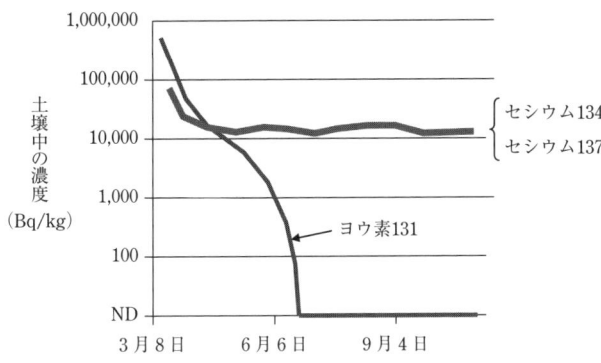

図 1.6 土壌中の放射性物質濃度の変化の例(文部科学省)[19]

結果を図 1.7 に紹介します。この結果は、乱されてない不耕起の水田土壌での測定例です。3月中〜下旬に土壌表面に降下した放射性 Cs は、不耕起の水田土壌においては、5月下旬の段階においても地表 0〜3 cm の深さに約 90 % 以上がとどまっています。

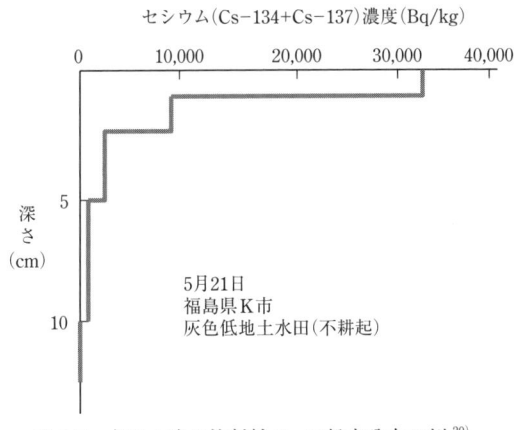

図 1.7 水田土壌の放射性 Cs の鉛直分布の例[20]

(2) **耕起による濃度分布の変化**

福島原発事故後の 2011 年 4月7日(耕起前)および 20 日(耕起後)に、農業環境技術研究所敷地内(茨城県つくば市)のクロボク土の畑で、深度別に土壌試料を採取し、放射性 Cs の濃度を測定した結果によると、事故直後の4月7日は、不耕起土壌では、ほぼ 0〜5 cm の所に 90 % 以上がとどまっています。これを一度耕起すると、Cs 濃度は耕作土層(ここでは 20 cm)にわたってほぼ均一に分布するようになります[21]。

(3) **長期的な濃度分布**

1986 年のチェルノブイリ事故後の東欧や北欧における調査によると、Cs-137 が下方へ進む速度は、土壌の性質に大きく影響されますが、ほとんどの場合、年間 1 cm 以下で、速くても 2〜3 cm/年と報告されています。耕作していない農地や草原

では、事故から7年後でも表層から10 cm以内に78～99%が残存しています。一方、有機物に富む泥炭質土壌や砂質土壌では、Cs-137の有機物や砂粒子への吸着が弱く、土壌の下方へ進む移行速度が比較的大きいことも報告されています。

1955年から1975年まで、大気圏での原水爆実験が行われ、世界の土壌が放射性Csによって汚染されました。その後耕作し続けた土壌でも、表面から表土50 cm以下まで放射性Csで汚染している耕地はほとんど見当りません。

(5) 放射性セシウムの作物への移行

土壌中のCsの作物への経路は、大気から作物体に降下沈着し吸収される「葉面吸収」と、一度土壌に浸透した後、根を通じて吸収される「経根吸収」があります。問題となるのは経根吸収です。経根吸収によるCsの作物への移行は、作物の種類、土壌の性質によって大きく異なります。また、土壌中のCsは特定の粘土鉱物に強く固定しているため、水溶性の部分は時間の経過とともに減少します。作物は土壌溶液中の養分を主に吸収するので、作物が吸収するCsの量も、土壌への降下後の経過日数とともに減少します[22]。例えば、牧草栽培実験では、Csを土壌に添加した直後に播種した場合よりも、数ヶ月後に播種した場合の方が牧草中のCs濃度は低くなることが確認されています。

経根吸収での吸収量は、土壌中の放射性物質の濃度とともに、土壌の性質および作物の「移行係数」により大きな影響を受けます。移行係数は「土壌中の放射性物質濃度に対する作物の可食部中の濃度の比」と定義されています。移行係数は作物の種類により大きく異なります。表1.6に一例を示します。白米は約0.0016と低く、葉菜類では0.049と比較的高くなっています。移行係数については多くの報告が見られますが、実験値の幅はおよそ2桁の範囲にあり、ばらつきの大きいのが特徴です。利用に当たっては注意が必要です。

表1.6 Cs-137の土壌から作物(乾物)への移行係数の例[23]

作物	移行係数(幾何平均値)
白米	0.0016
白米	0.0030(算術平均)
玄米	0.0033
葉菜類	0.049
キャベツ	0.026
果菜類	0.029
ジャガイモ	0.020～0.0301

注) 表の移行係数は農作物中濃度を乾燥重量として示した値です。したがって、表の移行係数から農作物中生重量(新鮮重量)に換算するためには、乾物割合で換算する必要があります。

第2章
除染に関する法令と規程類

2.1 除染に係わる法令等

2.1.1 国の除染事業への取り組み

2012年1月から「放射性物質汚染対処特措法」が施行されました。この法律は、放射性物質による環境汚染への対処に関し、国、地方公共団体、関係原子力事業者等が講ずべき措置等について定めることにより、環境汚染による人の健康または生活環境への影響を速やかに軽減することを目的としています。この目的を達成する

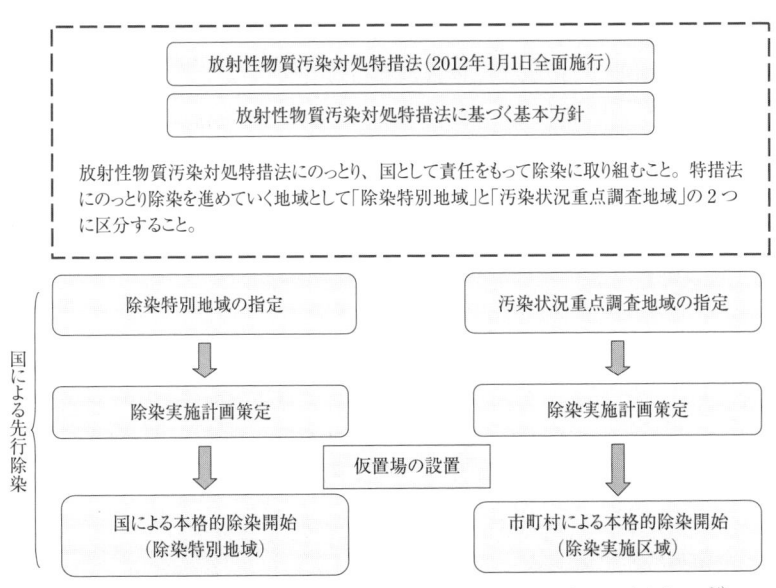

図 2.1　放射性物質汚染対処特措法に基づく除染への制度的な取り組み[24)]

ために図2.1に示すように「除染特別地域」と「汚染状況重点調査地域」が規定されています。

除染特別地域は、避難区分において「警戒区域」または「計画的避難区域」の指定を受けたことがある地域が指定されており、国が除染計画を策定して除染事業を進めることとしています。基本的には、事故後1年間の積算線量が20 mSv/年を超える恐れがあるとされた計画的避難区域と、福島第一原子力発電所から半径20 km圏内の「警戒区域」が該当します。

一方、追加被曝線量が

図2.2　除染特別地域（国が除染を行う地域）[24]

1 mSv/年以上の地域を「汚染状況重点調査地域」に指定することとしています。指定された市町村では、追加被曝線量が1 mSv/年以上となる区域について、除染実施計画を定めて除染を実施する区域を決定します。地域指定要件を定める省令は2011年12月に公布されています。省令を踏まえ、2011年12月と2012年2月、除染特別地域として11市町村（4市町村は一部地域、図2.2）、汚染状況重点調査地域として104市町村（4市町村は一部地域）が指定されました。

2.1.2　除染特別地域での除染の目標

除染特別地域は、自然放射線や医療によって受ける放射線を除いた被曝線量（追加被曝線量）の大きさによって、表2.1に示すように段階的に「避難指示解除準備区域」、「居住制限区域」、「帰還困難区域」に再編成し、優先的に「避難指示解除準備区域」と「居住制限区域」から除染を行うようにしています。

（1）避難指示解除準備区域

追加被曝線量が20 mSv/年未満の区域では、追加被曝線量を1 mSv/年以下に減

表 2.1　新たな避難指示区域の概要[32]

帰還困難区域 (50 mSv/年以上)	5年間を経過してもなお、年間積算線量が20 mSvを下回らない恐れのある、現時点で年間積算線量が50 mSv超の地域。	5年以内に戻ることが難しい状況です。
居住制限区域 (20～50 mSv/年未満)	年間積算線量が20 mSvを超える恐れがあり、住民の被曝線量を低減する観点から引き続き非難の継続を求める地域。	帰宅を希望する全員が1日も早く帰宅できるよう除染を進める。
避難指示解除準備区域 (20 mSv/年未満)	避難指示区域のうち、年間積算線量が20 mSv以下になることが確実であると確認された地域。	

らすことを長期的な目標としています。当面は、年間の追加被曝線量を2013年8月末までに2012年8月末に比べて一般住民は約5割、子供は約6割減らすことが目標です。

(2)　居住制限区域

　追加被曝線量が20～50 mSv/年のこの区域を迅速に縮小することが大きな目標です。追加被曝線量を20 mSv/年以下に減らすよう、2012～2013年度にかけて除染を行います。

(3)　帰還困難区域

　追加被曝線量が50 mSv/年を超えるこの区域では、当面は国が「除染モデル事業」を続けます。除染モデル事業とは、効率的・効果的な除染の技術や除染を行う作業員の安全確保の方策等を確立するためのものです。2012年11月から、国(環境省)の委託を受けて原子力機構が現在の警戒区域や計画的避難区域等の11市町村で実施しています。

2.1.3　警戒区域と計画的避難区域の再編成

　福島原発事故直後の2011年4月、避難指示区域である警戒区域(原発から20キロ圏)とその外側の計画的避難区域が設定されました。国は2011年末、前項で述べたように、これらの区域を次の3つに再編することを決定しました(表2.1)。
① 2012年3月から5年以上戻れない「帰還困難区域」(年間線量50 mSv超)
② 数年で帰還をめざす「居住制限区域」(同20超～50 mSv)
③ 早期帰還をめざす「避難指示解除準備区域」(同20 mSv以下)
　福島県内で避難指示区域に指定された11市町村のうち、原発20キロ圏外で計画

的避難区域にある川俣町を除く 10 市町村で再編が一応終わりました。その結果を示したのが**表 2.2** です。残っていたのは双葉町ですが、事故時に全域が警戒区域となった双葉町の区域再編を 2013 年 5 月 7 日政府が正式に決定しました。原発から半径 20 キロ圏を一律に立ち入り禁止にした警戒区域は、事故から約 2 年で、放射線量に応じた 3 区域に見直されたことになります。ただ、今後も新たな形で立ち入りの制限は続き、住民の帰還意欲は減退するばかりと考えられます。

双葉町は、2013 年 5 月 28 日、住民の 96% が暮らしていた地域が警戒区域から「帰還困難区域」に、残りが「避難指示解除準備区域」に変更されます。双葉町の再編で、警戒区域(一部計画的避難区域を含む)に指定された 9 市町村の区域再編が完了します[11]。

表 2.2　自治体ごとの避難指示区域の再編状況 [11]

自治体(再編実施日)	帰還困難区域	居住制限区域	避難指示解除準備区域
川内村(2012 年 4 月 1 日)	0	60	300
田村市(2012 年 4 月 1 日)	0	0	380
南相馬市(2012 年 4 月 16 日)	2	510	12,740
飯舘村(2012 年 7 月 17 日)	280	5,260	800
楢葉町(2012 年 8 月 10 日)	0	0	7,600
大熊町(2012 年 12 月 10 日)	10,560	370	0
葛生村(2013 年 3 月 22 日)	120	70	1,320
富岡町(2013 年 3 月 25 日)	4,650	9,800	1,470
浪江町(2013 年 4 月 1 日)	3,400	8,420	8,050
双葉町(2013 年 5 月 28 日)	6,270	0	250
川俣町(未定)	0	700	550
計	25,282	25,190	33,480

注)単位は人。人数は政府の原子力被災者生活支援チーム、各市町村に取材した概数。

これで、避難を余儀なくされた 9 市町村の 887 平方キロの地域に住んでいた約 7 万 7 千人のうち、約 7 割の約 5 万 1 千人は日中の立ち入りが可能になります。一方、2 万 5 千人余は立ち入り禁止が続きます。

警戒区域では立ち入りの制限でインフラ復旧工事や除染が全く進まず、住民の帰還の目途が立ちませんでした。そこで、国は 2011 年末、区域再編の方針を打ち出しました。年間の線量ごとに 3 区域に再編する計画です。放射線量の低い地域の立ち入りを可能にして復旧や除染を進め、住民の帰還を促す狙いでした。

ところが、2012年1月から始めた地元住民との協議は難航しました。区域の線引きにより土地や家屋、精神的被害に対する東京電力の賠償額が異なることから住民側の懸念の声が相次いで出されました。このため、区域によって賠償に大きな差が出ないようにしました。その結果、富岡町や浪江町は、2013年3〜4月ようやく再編にこぎつけ、5月末に最後の双葉町の再編に至り、一応、原発20キロ圏内の見直しが完了したわけです。

再編は終えても課題は多く残っています。解除された警戒区域での除染作業や、巨額な資金が必要とされる宅地・建物への損害賠償は一部しか進んでいません。東京電力は、4月下旬、5万件とみられる賠償のうち1万6千件の申請書類を住民に発送したばかりです。区域再編から1年がたった川内村や田村市は除染が進んでも、雇用や医療施設の不足、放射線の影響を心配する母子が戻らないといった課題に直面しています。区域再編がもたらすはずだった住民の帰還の道筋はほど遠い状況と言えましょう。復興庁と被災町村が実施した住民への意向調査を見ると、故郷への帰還を考えている避難住民は全体の約3割程度とされています。

2.1.4 除染工程の流れ

今まで述べてきたそれぞれの除染の流れは図2.3のようであり、この流れに従って進めることになります。具体的な作業内容は以下のようになります。

① 土地の関係人の把握：除染を行う土地等のすべての関係人（住民、所有者等）の氏名等を把握します。
② 現地調査等についての住民説明：現地調査等の実施に当たり住民説明会を開催し、関係人に除染の説明を行います。
③ 建物等の立ち入りの了解：建物、土地等の状況調査を行うため、関係人から立ち入りの了解を得ます。
④ 放射線モニタリング・建物等の状況調査（現地調査）：建物、土地等の放射線濃度モニタリング、建物等の損壊状況の把握等を行います。
⑤ 除染方法の決定：上記の結果を踏まえ、適切な除染方法を決定します。
⑥ 除染方法の確認・除染の同意：除染方法（除染の対象物・範囲・手法等）について、関係者に説明を行い同意を得ます。
⑦ 除染作業：同意内容に沿って除染作業を実施します。
⑧ 事後の放射線モニタリング等：除染作業後に、除染対象物の放射線モニタリング等を行います。

```
土地の関係人(占有者等)の把握
        ↓
現地調査についての住民説明会
        ↓         ←→  土地等への立ち入りの了解
放射線モニタリング・土地等の
状況調査(現地調査)
        ↓
除染方法の決定
        ↓         ←→  除染方法の確認
                      除染の同意
除染作業
        ↓
事後の放射線モニタリング等
        ↓         ←→  結果の報告
終了(継続モニタリング)
```

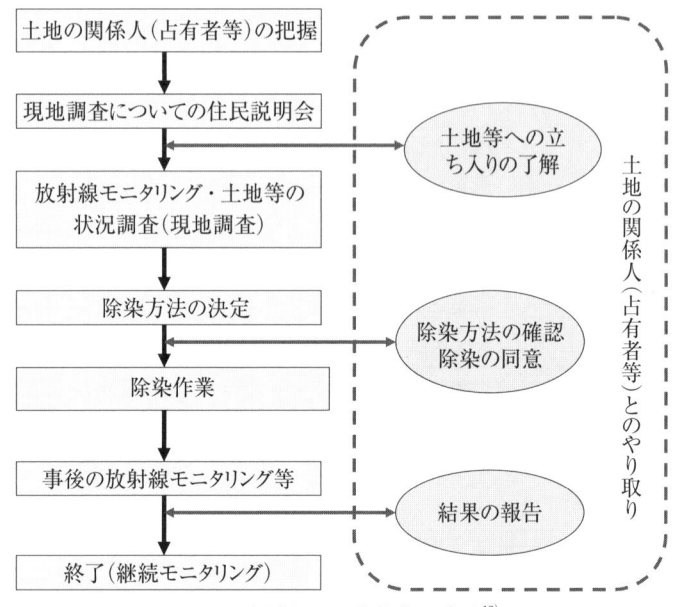

(右側波線枠:土地の関係人(占有者等)とのやり取り)

図 2.3 標準的な除染作業の手順[12]

⑨ 結果の報告:除染による結果等を関係者に報告し確認をしてもらいます。

　除染事業は除染計画に沿って順次事業者に発注を行って進めることが基本となりますが、除去された土壌や廃棄物の仮置場や処理施設の受け入れ能力、作業に要する人員・資機材等の確保状況等の制約がある場合には、柔軟に対応する必要があります。

　本格的な除染の実施に当たっては、上記の除染事業の一連の流れのような手順を踏んでいくことが必要になるため、これらを迅速かつ円滑に進めるべく、市町村をはじめとして県等の関係者にも協力を求め、これら関係者と十分に連携を図っていくことが肝要です。

2.2　除染に関する基準等の設定

2.2.1　ICRP の非常時の放射線被曝対策

　わが国の除染に対する考え方を示す前に、福島原発事故に関係する規制や除染に

関する国の基準等の原点となっている、国際放射線防護委員会（ICRP：International Commission on Radiological Protection）の非常時における放射線被曝対策について紹介します。ICRPは、専門家の立場から放射線防護に関する勧告を行う国際学術組織です。わが国からも参加しています。

福島原発事故において、国は「計画的避難区域」を指定しました。この計画的避難区域の20 mSv/年という基準は、ICRPの2007年の勧告をもとに、わが国の原子力安全委員会の助言を得て定められたものです。2007年勧告では、「非常時」の放射線の管理基準は、「平常時」とは異なる基準を用いています。また、非常時も「緊急事態期」と「事故収束後の復旧期」の2つに区分し、図2.4に示すような目安で防護対策を取ることとしています。すなわち、

① 緊急事態期：事故による被曝量が20～100 mSv/年を超えないようにします。
② 事故収束後の復旧期：事故による被曝量が1～20 mSv/年を超えないようにします。
③ 平常時：1 mSv/年以下に抑えます。

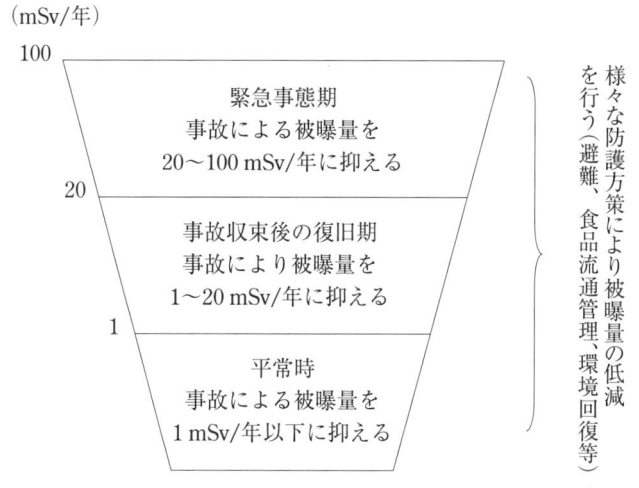

図2.4 国際放射線防護委員会（ICRP）の放射線を抑える目安[14]

福島原発事故でとられた計画的避難区域は、ICRPの緊急事態期に相当し、緊急事態期の被曝線量として定められている20～100 mSv/年の下限値（20 mSv/年）となっています。原発事故周辺の人々の被曝の総線量が100 mSv/年を超えることがないような対応をしつつ、将来的には1 mSv/年以下まで戻すための各種の防護策

を講ずることを意味していると思われます。この考え方は、そのままわが国の除染対策の基準として用いられています。

2.2.2　除染に関する基準の考え方

　事故直後に国は「除染推進に向けた基本的考え方」および「除染に関する緊急実施基本方針」を決定し、前者の冒頭において、国際放射線防護委員会（ICRP）の考え方にのっとり、国は、県、市町村、地域住民と連携し、以下の方針に基づいて、迅速かつ着実な除染の推進に責任を持って取り組み、住民の被曝線量の低減を実現することを基本とします」とうたっています。この考え方と基本方針は、以下のようにまとめることができます。

① 推定被曝線量が 20 mSv/年を超えている地域を中心に、国が直接的に除染を推進することで、推定被曝線量が 20 mSv/年を下回ることを目指します（図 2.4 の緊急事態時）。

② 推定被曝線量が 20 mSv/年を下回っている地域においても、市町村が住民の協力を得つつ、効果的な除染を実施し、推定被曝線量が 1 mSv/年に近づくことを目指します（図 2.4 の事故収束後の復旧期）。

③ とりわけ、子供の生活圏（学校、公園等）の徹底的な除染を優先し、子供の推定被曝線量が 1 mSv/年に近付き、さらにそれを下回ることを目指します（図 2.4 の平常時）。

　上記の基本的な考え方と方針は、ICRP の 2007 年の基本勧告に準拠したもので、被曝線量が 20 mSv/年以上にある地域を段階的かつ迅速に縮小することを目指したものとなっています。

　ICRP は、「被曝線量が 100 mSv/年になると、がんで死亡する人が 0.5 ％（1,000 人に 5 人）増加する」としています。この考え方の概念を図 2.5 に示します。100 mSv/年以下の低被曝線量においては、被曝線量とがんの死者とが比例すると仮定しています。20 mSv/年の被曝線量については、がんの死者が 1,000 人に 1 人ということになります。さらに、1 mSv/年であると、がんによる死者は 1,000 人に 0.05 人（10 万人に 5 人）ということになります。この数字が小さいか大きいかは、個人の考え方によって違ってくると思います。

　以上に述べてきた除染に関する基本方針等は国の目標を示したものであり、目標どおりに除染事業が実施できるかどうかは今後に待たなければなりません。

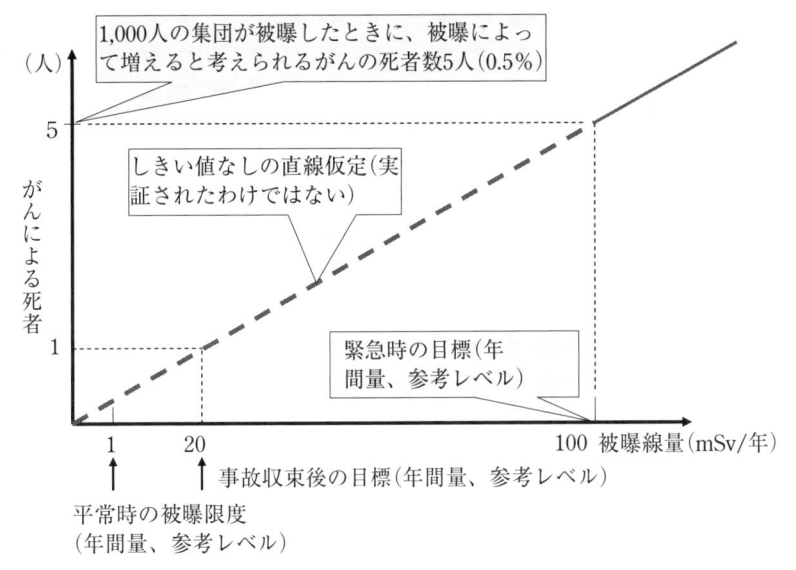

図 2.5　ICRP の低被曝線量被曝でのがんのリスクの考え方

2.2.3　除染における放射線量率の基準

　放射性物質汚染対処特措法に基づき、追加被曝線量が 1～20 mSv/年の地域で土壌等の除染措置を進めるにあたっては、まず、追加放射線量率が $0.23\,\mu\mathrm{Sv/h}$（1 mSv/年に相当）以上の地域を市町村単位で「汚染状況重点調査地域」として環境大臣が指定します。なお、1時間当たりの放射線量を「放射線量率」あるいは単に「線量率」と呼んでいます。線量率の単位は $\mu\mathrm{Sv/h}$ です。

　線量率 $0.23\,\mu\mathrm{Sv/h}$ という数値は、次のような考え方で決定されています。基準の放射線量 $0.23\,\mu\mathrm{Sv/h}$ の内訳として次の2つを考えます。
① 自然界（大地）からの放射線量：$0.04\,\mu\mathrm{Sv/h}$
② 原発事故による追加被曝放射線量：$0.19\,\mu\mathrm{Sv/h}$

この2つの放射線の仮定のもとで、1日のうち屋外に8時間、屋内［遮蔽効果（0.4倍）のある木造家屋］に16時間滞在するという生活パターンを仮定すると、1年間の被曝線量は、次のように求められます。

$$(0.19\,\mu\mathrm{Sv/h} \times 8\,\mathrm{h} + 0.19 \times 0.4 \times 16\,\mathrm{h}) \times 365\,日 = 999\,\mu\mathrm{Sv/年} \fallingdotseq 1\,\mathrm{mSv/年}$$

すなわち、基準の放射線率 $0.23\,\mu\mathrm{Sv/h}$ は、ICRP が平常時の放射線量として許容し

ている 1 mSv/年に等しいということを意味しています。

　指定を受けた市町村は、環境省令で定める方法により、汚染状況重点調査地域内の原発事故由来の放射性物質による環境の汚染の状況について調査測定をすることができます。この調査測定の結果等により、0.23 μSv/h 以上と認められた区域が「除染実施区域」で、除染実施区域については除染実施計画を定めて除染を実施します。

2.2.4　除染に当たっての留意事項

　福島原発事故に伴い放出された放射性物質(主に放射性 Cs)による汚染が生じた地域においては、放射線による人の被曝線量を低減するために、除染が進められつつありますが、土壌に限らず、除染に当たっては、以下の観点が重要です。

① 飛散・流出防止や悪臭・騒音・振動の防止等の措置をとり、除去物量の記録をする等、周辺住民の健康の保護および生活環境の保全への配慮に関し、必要な措置をとることが重要です。
② 除染によって放射線量を効果的に低減するためには、放射線量への寄与の大きい比較的高い濃度で汚染された場所を特定するとともに、汚染の特徴に応じた適切な方法で除染します。また、除染の前後の測定により効果を確認し、人の生活環境における放射線量を効果的に低くすることが必要です。
③ 除去物等がその他の物と混合する恐れのないように、他の物と区分すること、また、可能な限り除去物と廃棄物も区分することが必要です。
④ 除染によって発生する除去物等を少なくするよう努めること、また、除染作業によって汚染を広げないようにすることも重要です。例えば、水を用いて洗浄を行った場合は、放射性物質を含む排水が発生します。地域の実情を勘案し、必要があると認められるときは、当該措置の後に定期的なモニタリングを行うものとします。

　なお、除染作業の対象外の場所からの放射線の影響あるいは汚染の特徴によっては、効果的に除染が行われた場合であっても、長期的な目標である「追加被曝線量が 1 mSv/年以下となること」を直ちには達成できないことがあります。このような場合は、時間の経過に伴う放射性物質の減衰や風化による放射線量の低減効果も踏まえて、再度除染を行うかどうかについて判断することが重要です。

2.3 除去物と指定廃棄物

2.3.1 除去物の発生量

環境省は2011年9月、土壌等を削り取るなどして発生する除去物の試算結果を発表しました。福島県の他、宮城、山形、茨城、栃木の5県において、年間の被曝線量に応じて表2.3にある3つのパターンを想定し、各区域で建物の敷地や農地を深さ5cmまで削り取るという想定で試算をしています。森林については、全域で枯葉等を取り除く方法で除染を行った場合を想定し、森林の除染面積を10％、50％、100％の3区分に分けて実施しています。

表2.3 除染で生じる除去物(廃棄物)の試算値(単位は万 m³)(環境省)

被曝線量→ 森林の除染率↓	20 mSv/年 以上	5 mSv/年 以上	5 mSv/年以上の区域と 1〜5 mSv/年 の地点のスポット除染
10％	521	2,083	2,123
50％	623	2,419	2,459
100％	750	2,839	2,879

森林について100％除染すると、除去物量は最大で2,879万 m³ と試算され、東京ドーム23杯分に相当します。除染が必要な面積も、最大で福島県の17.5％に当たる2,419 km² になるとしています。

東京ドーム23杯分と言っても実感がわかないので、次のように考えてみました。東京ドームの容積は124万 m³ です。いま、面積が(1 km×1 km)の土地に高さ29 mで除去土を敷き詰めると、1,000 m×1,000 m×29 m＝29,000,000 m³＝2,900万 m³ となり、ほぼ、試算した2,879万 m³ に近い値となります。想像を絶するような膨大な土量となります。また、上記の5県の面積の合計は106,493 km² です。この中での2,419 km² なので、5つの県の面積の合計に対して2.27％の広さになります。

また、この面積は、東京都の面積が2,187 km² ですので、それよりちょっと広い面積です。森林の除染率を10％としても、汚染土量(除去土量)は2,123 m³ となり、東京ドーム17杯分となります。2012年度に実施された除染モデル実証事業の結果を参考にすると、除染で剥ぎ取る汚染土壌だけでも1,500万〜2,800万 m³ と推定されています。

2.3.2 指定廃棄物

　福島原発事故等に由来する放射性を持つ廃棄物は、放射性物質の濃度によって図2.6のように分類されます。このうち「指定廃棄物」とは、濃度が 8,000 Bq/kg を超える廃棄物で、放射性物質汚染対処特措法に基づき環境大臣が指定し、国が責任をもって処理することになっている廃棄物です。この処理の基準は、原子力安全委員会や放射線審議会の諮問・答申を経て、原子炉等規制法等と同様に、これまでの安全基準の考え方に基づき策定されたものです。

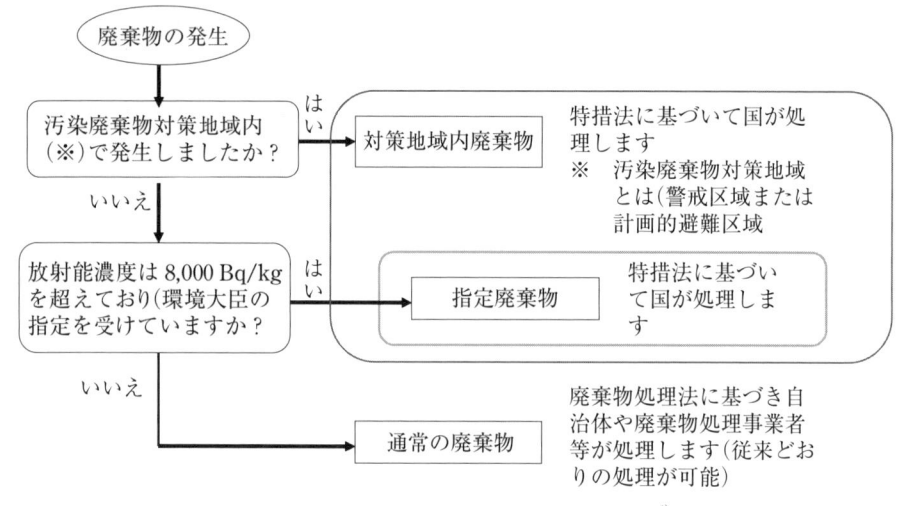

```
廃棄物の発生
    ↓
汚染廃棄物対策地域内（※）で発生しましたか？ ── はい → 対策地域内廃棄物　特措法に基づいて国が処理します
    ↓ いいえ                                                    ※ 汚染廃棄物対策地域とは（警戒区域または計画的避難区域）
放射能濃度は 8,000 Bq/kg を超えており(環境大臣の指定を受けていますか？) ── はい → 指定廃棄物　特措法に基づいて国が処理します
    ↓ いいえ
通常の廃棄物　廃棄物処理法に基づき自治体や廃棄物処理事業者等が処理します(従来どおりの処理が可能)
```

図 2.6　放射性物質の濃度による廃棄物の分類[6]

2.3.3　除去物の安全処理

　指定廃棄物を安全に処理・管理するために、安全基準と各処理プロセスにおいて、十分な安全措置を講じなければなりません。その流れを図 2.7 に示します。

　廃棄物は焼却灰、汚泥、草木類、放射能汚染物質等と様々ですが、焼却処理等を経て、最終的には放射能の濃度に応じて適切な方法で安全に処理しなければなりません。具体的には、処理施設での追加被曝線量が年間 1 mSv 以下になるようにします。8,000 Bq/kg を超える廃棄物を埋立て処分する場合でも、一般公衆の年間被曝線量が 1 mSv/年を上回らないように、廃棄物の放射性物質濃度に応じた適切な措置を講じます。また、埋立て終了後の処分場周辺の住民への影響をなくすには 0.01 mSv/年（人の健康に対する影響を無視できる値）以下とします。

2.3 除去物と指定廃棄物

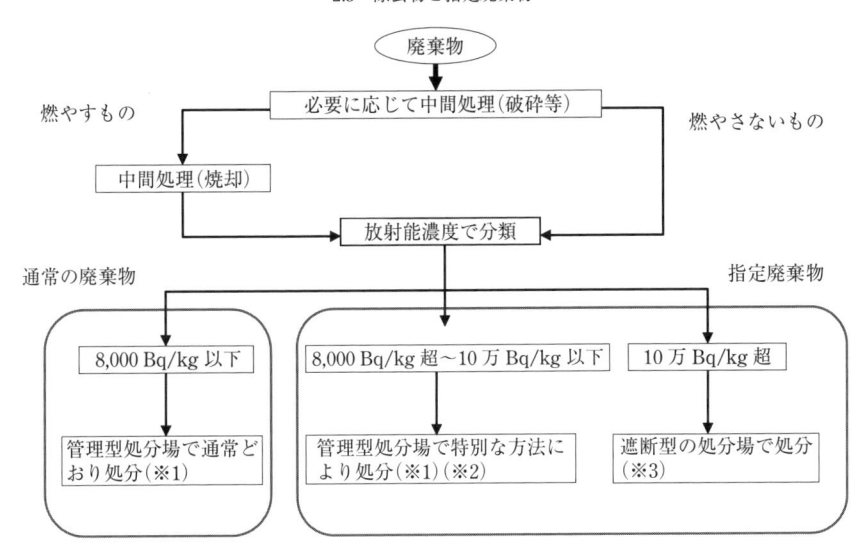

```
                      ┌─────────┐
                      │  廃棄物  │
                      └────┬────┘
                           ↓
            ┌──────────────────────────────┐
            │ 必要に応じて中間処理(破砕等) │
            └──┬──────────────────────┬────┘
 燃やすもの    │                      │   燃やさないもの
               ↓                      │
        ┌──────────────┐              │
        │ 中間処理(焼却) │             │
        └──────┬───────┘              │
               └──────┬───────────────┘
                      ↓
              ┌──────────────┐
              │ 放射能濃度で分類 │
              └──────┬───────┘
```

通常の廃棄物 / 指定廃棄物

- 8,000 Bq/kg 以下 → 管理型処分場で通常どおり処分(※1)
- 8,000 Bq/kg 超〜10万 Bq/kg 以下 → 管理型処分場で特別な方法により処分(※1)(※2)
- 10万 Bq/kg 超 → 遮断型の処分場で処分(※3)

※1 特措法で安全確保のための基準が決まっています。
※2 国が新たに処分場を設置する場合は遮断型処分場とします。
※3 公共の水域および地下水と遮断されている場所への埋め立てとします。
　　また、福島県では中間貯蔵施設に保管されます。

図 2.7　指定廃棄物の安全管理の枠組み [32]

　原子炉等規制法においても、原子力発電所の解体によって発生する廃棄物の処理に関する基準は、処理に伴い周辺住民が受ける追加被曝線量が 1 mSv/年以下、埋立て終了後の追加被曝線量が 0.01 mSv/年以下となるよう設定されています。また、廃棄物を安全に再利用できる基準(クリアランスレベル；100 Bq/kg)としては、その製品による追加被曝線量が 0.01 mSv/年以下としています。

　安全評価に際しては、様々なシナリオを設定し、廃棄物処理の各工程におけるあらゆる放射線量を見積もっており、そうした評価の結果設定された 8,000 Bq/kg の基準は、十分に安全側に立ったものとなっています。また、国際原子力機関(IAEA；International Atomic Energy Agency. 1957 年に発足した原子力の平和利用を促進する国際機関)は、8,000 Bq/kg 以下の廃棄物を追加的な措置なく管理型処分場で埋立て処分することは既存の国際的な方法と完全に整合性がとれている、と評価しています。

2.3.4 除去物処理方針の概要

　放射性物質汚染対処特措法に沿った国と関係地方自治体との協議を踏まえ、国は、必要となる最終処分場等の確保をめざす「指定廃棄物の今後の処理の方針」を2012年3月に公表しました。その骨子は、以下のとおりです。

① 国は、既存の廃棄物処理施設の活用について引き続き検討を行いつつ、今後3年程度（2014年度末）を目途として、指定廃棄物が多量に発生し、保管が逼迫している都道府県において、必要な最終処分場等を確保することをめざす。

② 指定廃棄物の最終処分場を新たに建設する必要がある場合には、その設置場所は、必要な規模や斜度を確保し、土地利用の法令上の制約がなく、最終処分場建設に適している候補地を、国有地の活用も含め、都道府県ごとに複数抽出し、複数の候補地の中から、現地調査等により立地特性を把握したうえで、国が立地場所を決定する。

③ 国は、最終処分場が設置されるまでの間、当面、焼却、乾燥、溶融等の中間処理を行い、保管の負担の軽減を図る。農林業系副産物（稲わら、牧草等）は既存の焼却施設で焼却できない場合には仮設焼却炉等を設置する。

(1) 除去物の処理の流れ

　除去物は最終的に安全な処理が行われるように計画します。その流れを図2.8に示します。仮置場等でも徹底した安全対策により管理します。つまり、放射性物質

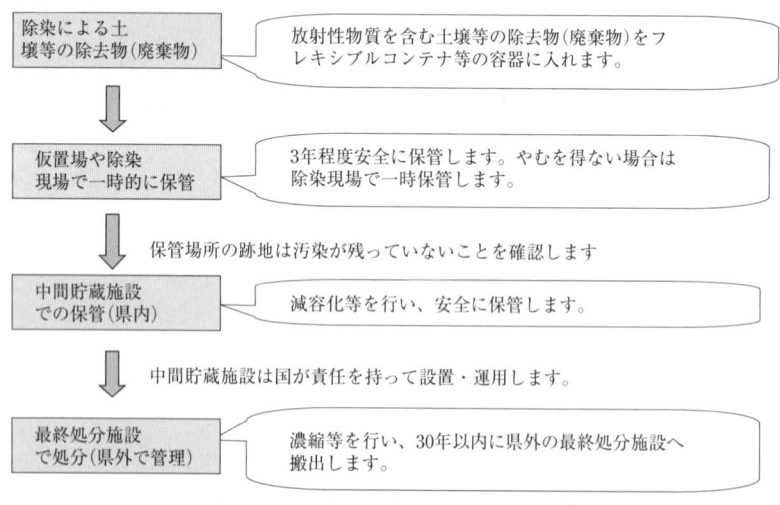

```
除染による土壌等の除去物（廃棄物） → 放射性物質を含む土壌等の除去物（廃棄物）をフレキシブルコンテナ等の容器に入れます。
　↓
仮置場や除染現場で一時的に保管 → 3年程度安全に保管します。やむを得ない場合は除染現場で一時保管します。
　↓ 保管場所の跡地は汚染が残っていないことを確認します
中間貯蔵施設での保管（県内） → 減容化等を行い、安全に保管します。
　↓ 中間貯蔵施設は国が責任を持って設置・運用します。
最終処分施設で処分（県外で管理） → 濃縮等を行い、30年以内に県外の最終処分施設へ搬出します。
```

図2.8　除去物（廃棄物）の処理の流れ[32)]

を含む土壌や汚泥、草木等は、市町村の協力を得て決定した場所に3年程度一時的に保管します。一時的な保管場所(仮置場または現場保管)については、市町村の協力を得ながら決定します。

(2) 仮置場・現場保管場

一時的な保管場所(仮置場や現場保管)は、空間線量率が上がらないように徹底した安全対策を講じて管理します。図 2.9 にその一例を示します。敷地境界線での空間線量率が搬入終了後に周辺環境と概ね同程度の水準になるように、設計の基準(盛土の厚さや柵の位置)を設定します。また、搬入中での空間線量率の上昇も十分低く抑えられるようにします。詳しくは第6、7章を参照して下さい。

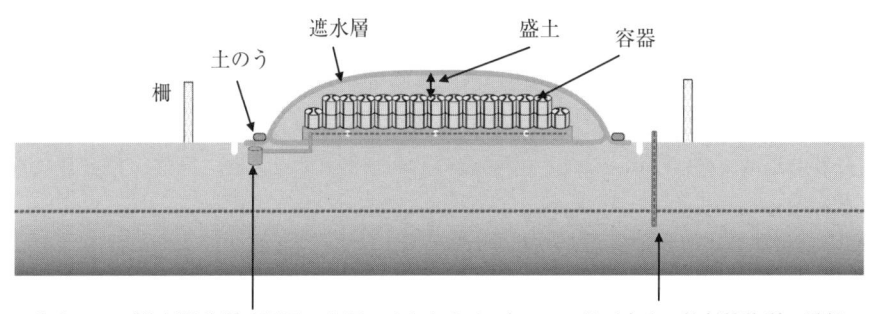

●現場保管・仮置場での安全対策の基本イメージ
①放射性物質の飛散・流出・地下浸透の防止(遮水層、容器等)
②遮蔽による放射線の遮断(盛土、土のう等)
③接近を防止する柵等の設置(柵等)
④空間線量率と、地下水の継続的なモニタリング(放射性物質の監視機能)
⑤異常が発見された際の速やかな対応
※③、④、⑤については、仮置場にのみ適用される基準です。

図 2.9 地上に除去物を保管する場合の仮置場の例(地下水位が高い場合等)[6]

仮置場および現場保管場については、次のような施設設計と安全管理の基準を採用しています。
① 水を通さない層(遮水シート等)や除去物を入れる容器(フレキシブルコンテナ等)を覆土等で覆い、放射性物質の飛散・流出・地下浸透を防ぎます。
② 覆土や土のう等で遮蔽して放射線を遮断します。敷地境界での空間線量率と地下水の放射性物質の濃度をモニタリングします。
③ 万一異常が発見された場合は、原因を明らかにして適切な対策を速やかに講

じます。

(3) 中間貯蔵施設

　除染で取り除いた除去物を最終処分するまでの間、安全に管理・保管するための施設です。福島県では、除染で取り除いた土や放射性物質に汚染された除去物の量が膨大となるため、現時点では最終処分の方法を明らかにすることは困難とされています。このため、福島県で発生した除染で取り除いた土や放射性物質に汚染された廃棄物を最終処分するまでの間、安全に集中的に管理・保管するための中間貯蔵施設を福島県内に設置することとしています。

　中間貯蔵施設には、貯蔵や減容化のための施設のほか、空間放射線や地下水のモニタリング（監視）、情報公開、効果的な減容化技術の研究開発・評価のための施設も併設する予定となっています。規模としては、容量が約 1,500 万〜2,800 万 m^3（東京ドーム 124 万 m^3 の約 12〜23 倍程度）、敷地面積は約 3〜約 5 km^2 を想定しているとされています。除去物の発生量が少なく、汚染レベルも低いと見込まれる福島県以外の地域では、今のところ中間貯蔵の計画はありませんが、今後、検討されることも考えられます。

(4) 最終処分場の候補地選定の考え方

　放射性 Cs の濃度 8,000 Bq/kg を超える廃棄物が発生している都県のうち、廃棄物の発生状況、保管の逼迫状況から、国による最終処分場の確保が必要と考えられる県を対象に、最終処分場の候補地選定を行います。最終処分場への廃棄物の搬入は、中間貯蔵を開始してから、30 年以内に福島県外の最終処分施設へ搬入されるとしています。国が新たに指定廃棄物の最終処分場を設置する場合は、放射性 Cs 濃度が 10 万 Bq/kg を超える廃棄物（遮断型処分場での処理が必要）が発生する可能性を見越し、遮断型構造の最終処分場を設置することになっています。

(5) 予算措置

　報道によると、放射性物質汚染対処特措法の施行等のための予算として、平成 23 年度の第 3 次補正予算において 2,459 億円、平成 24 年度当初予算において 4,513 億円が措置されており、さらに平成 24 年度補正予算では 104 億円が追加計上されています。また、平成 25 年度当初予算では 6,095 億円を計上しています（平成 25 年 2 月時点）。平成 23 年度内閣府計上の予備費分約 2,179 億円を合わせると、総額約 1 兆 5,351 億円となります。

第3章
除染を始める際の基本的事項

3.1 除染とは

3.1.1 除染の原理

環境中にある放射性物質による被曝線量あるいは放射性物質の濃度を低減する原理には、放射性物質を「取り除く(除去)」、「遮る(遮蔽)」および「遠ざける(隔離)」の3つがあります。除染は、これらの原理を単独あるいは組み合わせて実施します。

(1) 取り除く(除去)

この方法は、放射性物質が付着した表土の削り取り、枝葉や落ち葉の除去、建物表面の洗浄等により放射性物質を生活圏や環境中から取り除くことです。除去では、放射性物質を含む土壌、草木あるいは汚泥等、多量の除去物(廃棄物)が発生します。これら除去物を集めて一時的に保管したり処分したりする際には、土やコンクリートで遮蔽し、可能であれば人の生活圏から遠ざけることが被曝線量を減らす対策となります。

(2) 遮る(遮蔽)

放射性物質を土やコンクリート等で覆うこと、あるいは、汚染した表土とその下の土(清浄土)との入れ替え(天地返し)によって放射線を遮ることができるので、結果として空間線量や被曝線量を下げることができます。環境省は遮蔽の効果の目安として表3.1のような数値を示しています。

厚さが30 cm以上の覆土は、同じ厚さのコンクリートとほぼ同程度の遮蔽効果があります。除染では、取り除く(除去)が主に行われますが、除去が難しい場合、土を被せたり、

表3.1 土やコンクリートの遮蔽効果(環境省)

遮蔽の方法	削減効果
コンクリート、厚さ30 cm	98.6%削減
覆土、厚さ50 cm	99.8%削減
覆土、厚さ30 cm	97.5%削減

地中に埋めたりして遮蔽を行います。
(3) 遠ざける(隔離)
　放射線の強さは、放射性物質から離れるほど弱くなります。このため、立ち入り禁止等で放射性物質から人を遠ざければ、人への被曝線量を下げることができます。また、放射性物質の側にいる時間を短くすることも遠ざけることになります。
　除去や遮蔽のような方法をとる前に、立ち入りを制限したり、行動に注意を払うことで遠ざけることができます。放射性物質は時間とともに減少し、また、風雨等の自然要因による減衰効果(ウェザリング)もあるため、除染をしなくても放射線量は減っていきます。ただし、それには長い年月がかかります。少しでも早く放射線量を減らすためには除染が必要となります。

3.1.2　除染の枠組
　放射性セシウムによる汚染の除染方法の概要を体系化すると図3.1のようになります。具体的には、「制度管理」、「原位置処理」、「除去・減容化処理」、「無処理除去物」の4つに大きく分類できます[18]。この体系は全体を捉えるための概念図であり、個別の除染措置方法のコスト、技術的制約事項、除染期間、土地利用制限、人の健康リスク、間接コスト等は、各サイトの状況や各技術により異なるのは当然です。
　① 制度管理：対象地に汚染物を残したまま、立ち入り禁止や作付け禁止(農地)

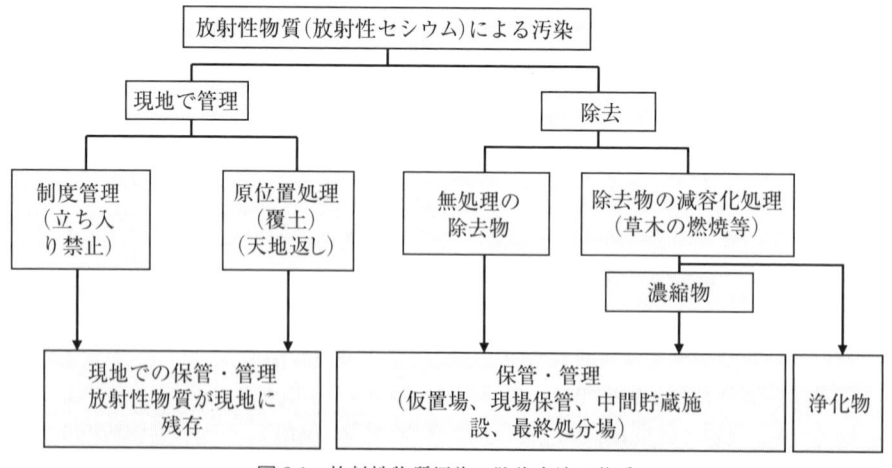

図3.1　放射性物質汚染の除染方法の体系

等の規制を行うことで、被曝を受けないようにする方法です。計画的避難区域や警戒区域の指定による立ち入り禁止・活動時間制限、作付け禁止等がこれに該当します。技術的には簡単ですが、土地等の利用が制限され、住民の移動等が必要なことから、避難者の精神的負担や経済的な負担、さらに避難や土地の利用制限に伴う社会的コストが大きい方法です[42]。

② 原位置処理：対象地に汚染物を残したまま、覆土や天地返しにより空間線量を低減し、被曝量を低減する方法です。福島県のほとんどの学校校庭で採用され、技術的難易度は低く、措置コストも安価ですが、長期的な管理が必要で、土地利用に一定の制約がかかるなどの課題があります。覆土には遮水シート等を用いる方法等いろいろありますが、問題の少ない土（汚染のない土）による覆土が優位とされています。

③ 除去・減容化処理：原位置から放射線物質を除去することは、放射性物質の濃度や空間線量を低減する確実な方法です。放射性物質を取り除くこの方法は、1) 放射性物質の除去、2) 減容化（必要な場合）、3) 保管・管理の3段階から構成されます。放射性物質あるいは放射背物質で汚染された除去物を、減容化をせずにそのまま無処理の除去物として保管・管理する方式と、除去後に減容化をしたうえで濃縮物を保管・管理する方式があります。

④ 無処理：この方式は、原位置からの除去物を何も処理することなく仮置場等の保管・管理に持っていく手法です。

これら以外の方法として、ヒマワリ等によるファイトレメディエーションがありますが、わが国の試験においては、除去率が1/2,000程度と低く、また発生する植物残渣等の濃縮物処分が必要になることから、現段階では適用できる状況ではありません。

3.2 除染モデル実証事業

3.2.1 除染モデル実証事業
(1) 自衛隊等による試行的除染

環境省は2012年1月から本格的な除染事業を始めました。本格的な除染の実施に当たっては、除染を進めるうえでの計画作りや連絡調整を行うための活動拠点として、自治体の行政機能の中心である役場の機能を回復させることが最優先となり

ます。環境省が予定している本格的な除染活動の拠点となる「警戒区域」および「計画的避難区域内」に位置する楢葉町、富岡町、浪江町および飯舘村の4つの役場において、2011年12月に約2週間をかけて試行的、先行的な除染が実施されました[13]。時間の余裕がない中での実施であったため、大規模な人員をもって組織的な行動が可能な自衛隊(約900名)の協力を得て行われました。組織的に実施した除染作業のはしりで、その後のガイドラインの作成や本格的除染に役立つ成果を得ています。

(2) 除染モデル実証事業

除染事業を着実に実施していくため、また、すでに公表され実務に使われている除染関係ガイドラインを補完する意味も含めて、国は、除染作業を実施していくうえで必要となる技術や知見を整備することを目的とする除染関係事業を継続的に行うこととし、これを日本原子力研究開発機構(以下、原子力機構)に委託しました。除染関係事業は、除染に係る効率的・効果的な除染方法や、作業員の放射線防護に関わる安全確保の方策を確立することを主な目的とする内閣府の「除染モデル実証事業」[12]が主体であり、これのほかに、除染技術を公募により発掘し、実証試験を行い、その有効性を評価する環境省の「除染技術実証試験事業」[12]があり、これら2本立ての事業によって目的を達成するようになっています。公募による除染技術実証試験事業については第8章において概要を紹介します。

3.2.2　除染モデル実証事業の概要

住民が避難した福島県の11市町村の15箇所で、国(内閣府)は原子力機構に委託してモデル事業を実施しました。モデル事業は、除染の手法や除去物の保管方法等の技術の確立が目的で、個別の除染・減容化・保管技術等の詳細が検討されました。除染モデル事業の流れを図3.2に示します。

国は、除染を実施していくうえで必要となる技術や知見を整備し、それを提供していくことになっていますが、その目的を達成するための事業の一つがこのモデル事業です。この事業は、20 mSv/年を超えるような高線量の地域を主な対象とし、土壌等の除染措置に係る効率的・効果的な方法や作業員の放射線防護に関わる安全確保の方策を提示することを主な目的としています。

この事業は、警戒区域や計画的避難区域等に含まれる11の市町村(田村市、南相馬市、川俣町、広野町、楢葉町、富岡町、川内村、大熊町、浪江町、葛尾村、飯舘村)ごとに、一定面積の対象区域を設定し、実用可能と考えられる除染方法(技術)

3.2 除染モデル実証事業　　　　　39

> 除染計画は、除染目標等を設定した後、作業安全管理、除去物の処理等の計画も並行しながら策定する必要があります。

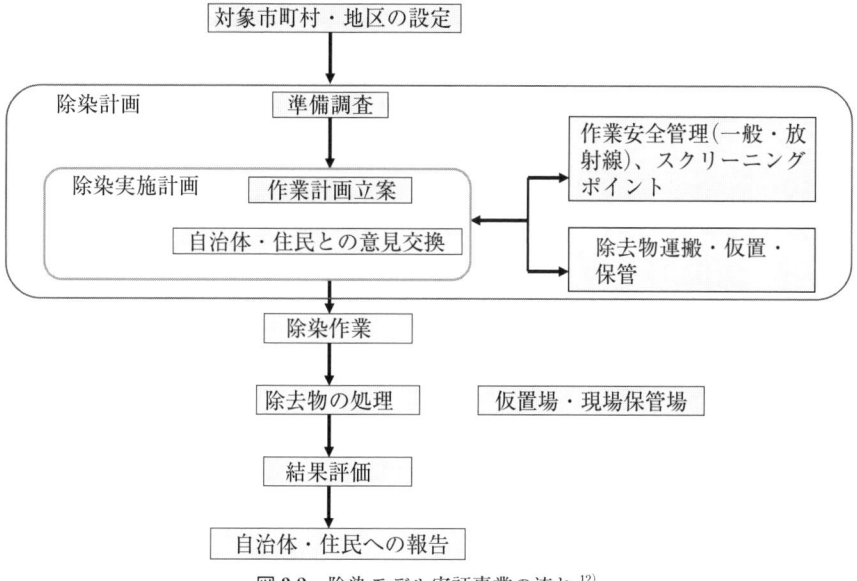

```
                対象市町村・地区の設定
                        ↓
  ┌─除染計画──────────────────────────────┐
  │                準備調査                              作業安全管理(一般・放
  │                    ↓              ────→   射線)、スクリーニング
  │  ┌─除染実施計画─────────┐                     ポイント
  │  │      作業計画立案      │  ←──
  │  │  自治体・住民との意見交換 │  ←──    除去物運搬・仮置・
  │  └───────────────────┘                      保管
  └─────────────────────────────────────┘
                        ↓
                   除染作業
                        ↓
               除去物の処理        仮置場・現場保管場
                        ↓
                   結果評価
                        ↓
              自治体・住民への報告
```

図 3.2　除染モデル実証事業の流れ [12]

について実証試験を行い、除染効果についての解析を行うとともに、今後の本格的除染の実施に当たって活用し得るデータの取得・整備を行うものです。

実施対象地区の選定に当たっては、除染実施対象地区内での平面的な土地の利用形態および立体的な地形が考慮されて図 3.3 のように決定されました。

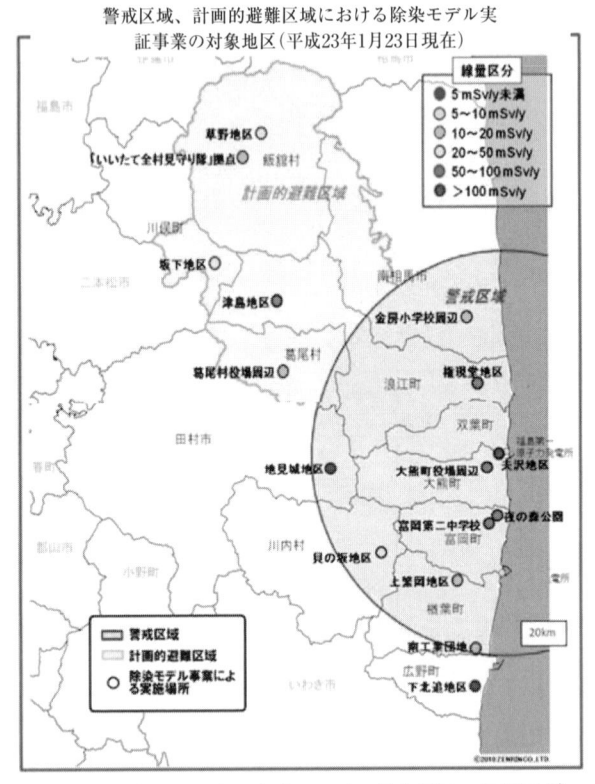

図 3.3　除染モデル実証事業における対象区域の位置図 [12]

3.3　除染作業計画の策定

3.3.1　計画に盛り込むべき事項

図 3.2 に示した除染作業計画を構成する要素には、下記の項目が含まれます。これらの事項を考慮して除染作業計画を策定します（図 3.4、3.5）。

① 除染対象範囲の基本情報（位置、範囲、面積、地形情報、気象情報等）
② インフラ整備状況［給排水（上下水道）状況、通電状況、道路・アクセスルートの整備状況、利用可能施設状況等］
③ ユーティリティスペース状況（スクリーニングサイト、資機材置場、駐車スペース、休憩エリア等）

④ 事前モニタリング結果による汚染分布状況
⑤ 除染手法・手順、除去物発生量
⑥ 除去後の安全上必要な措置

また、除染作業計画に織り込む事項は、下記のとおりです。
① 除染作業全体計画
② モニタリング計画
③ 除染作業実施計画
④ 除去物処理・仮置計画
⑤ 放射線・安全管理計画

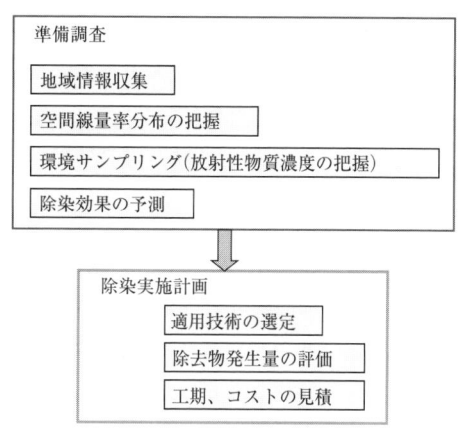

図 3.4　除染計画策定の流れ

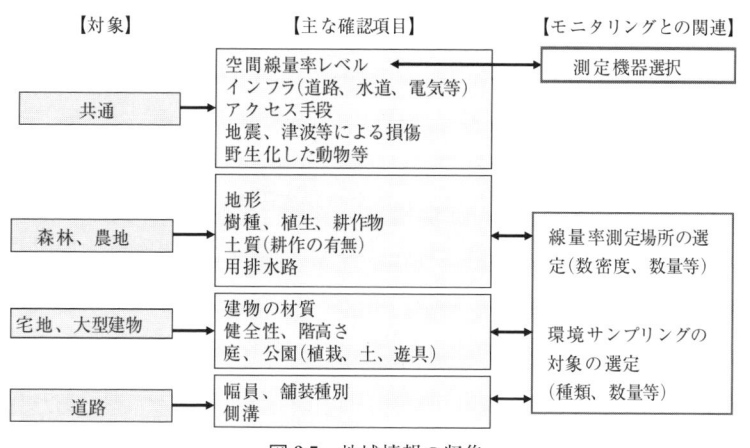

図 3.5　地域情報の収集

3.3.2　各計画の概要

(1)　除染作業全体計画

　除染作業全体計画は、モニタリング、除染、除去物処理・仮置き、放射線・安全管理、自治体・住民対応等、本作業を構成する主な作業間の連携をとり、作業全体を円滑に進めるためのものであり、上記の基本要素をくまなく埋めるための指標となるものです。

　除染実施サイトと仮置場の2つの流れがあり、それぞれに自治体・住民と調整す

ることが必要になることから、これらのタイミングを合わせて対応していくことが、合理的かつ短期間に除染作業全体を進めるうえで重要です。

(2) **モニタリング計画**

モニタリング計画は、作業の各段階(除染前・除染中・除染後、仮置場等設置前・設置中・設置後)で行われるモニタリング作業について記載します。計画策定に当たっては、以下の点を考慮することが重要です。

① 事前に自治体等と調整した範囲がモニタリング範囲と相違がないことを写真、地図等で関係者間にて情報共有をしておくことが重要です。
② 私有地への立ち入りが必要な場合、および土壌・草木・水等の試料採取が必要な場合は、あらかじめ地権者に了解をとらなければなりません。なお、立ち入りの了解が得られない場合の対応策、別案についても協議し定めておくことが必要です。
③ 農地、とくに圃場を対象とする場合には、湿潤状態も放射線量分布や除染の作業性に大きく影響することから、湿潤状態や排水性、排水口等をチェックしておくことが必要です。また、冬期間では積雪や土壌の凍結の影響等を考慮しておく必要があります。
④ 林地が隣接するエリアを対象とする場合も多いことから、樹木の種類、高さ密集の程度等もチェックしておくことが肝要です。

モニタリングは、事前モニタリング、事後モニタリングおよび除染中のモニタリングがあります。

(3) **除染作業実施計画**

除染作業実施計画は、除染方法選定の考え方について取りまとめるとともに、各除染対象物について、事前モニタリング・事前調査結果に基づき選定した具体的な除染方法、除染作業の管理方法等、以下の項目を記述したものです。

① 除染対象範囲の基本情報(位置、範囲、面積、標高等の地形情報、天候、気温等の気情報)
② 給水・排水設備等のインフラ整備状況
③ 休憩所・資材置場設置等に必要なユーティリティスペースの状況
④ 除染対象ごとの除染方法・手順、除去物発生量、除染後の措置
⑤ 新たな除染技術がある場合は、その実施計画
⑥ 除去物の除染実施対象地区内における集積、運搬方法
⑦ 安全上必要な除染後の措置

⑧ 必要に応じ、事前モニタリングデータ等に基づく線量率分布および分布データに基づく除染効果評価結果

(4) **除去物処理・仮置計画**

除去物処理・仮置計画書は、除去物の減容化とともに、除去物の運搬・仮置方法等、以下の項目を記述したものです。

① 除去物処理：除去物の減容化方法、放射性物質の飛散防止対策・モニタリング方法、灰等の二次廃棄物の処理方法
② 仮置場
　　ア）除染実施対象地区から仮置場までの除去物運搬経路および運搬方法
　　イ）仮置場における除去物荷卸し・定置方法
　　ウ）仮置場の事前調査結果等に基づく設計（基本方針、遮蔽・遮水・防火対策等の安全機能の仕様等）
　　エ）除去物・仮置場に関するデータの記録方法および記録管理方法
　　オ）防火対策、不審者・動物の侵入対策

3.3.3　面的除染を念頭に置いた組合せと手順

除染対象地域の面的な除染を念頭に置いた場合の順序として、上から下に向かうのが基本的な流れです（図3.6）。除染対象物ごとでいえば、森林と農地→大型建物とグランド→宅地→道路ということになります。また、構造物を含めた場合の考え方を図3.7に示します。

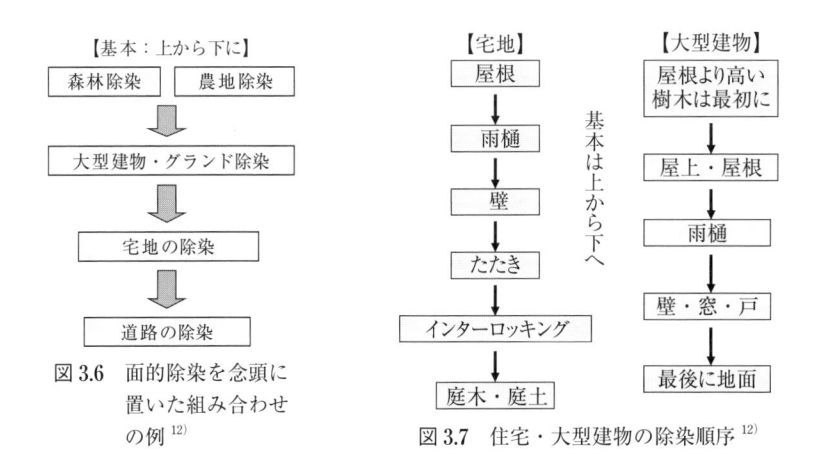

図3.6　面的除染を念頭に置いた組み合わせの例[12]

図3.7　住宅・大型建物の除染順序[12]

3.3.4 除染方法選定の考え方

除染技術に求められる品質は、いかに「速く」、「無駄なく」、「きれい」に除染するかということです。「速く」の具体的な指標は、1作業班が1日に施工できる量(施工速度)です。「無駄なく」の具体的な指標は、余計に除去物を発生させないこと(除去物発生量の抑制)、および後戻り(二次汚染)がないことです。「きれい」の具体的な指標は、低減率(空間線量率、表面密度)です。なお、推奨される除染技術とは、これら3つの要求品質を満足できる手法だけにとどまらず、その手法(ツール)を使ってどのように除染するかという方法(施工法：圧力、回数、投射密度等)も含んだものでなければなりません(図3.8)。

```
┌─────────────────────────────────────────┐
│         除染に求められる3大要求品質        │
│ ◆速さ    ：1日に1施工班が除染できるエリア │
│ ◆無駄のなさ：剥ぎ取り、切削の精度(除去物発生量の抑制) │
│          ：後戻り(二次汚染)のなさ         │
│ ◆きれいさ ：低減率(表面密度、空間線量率)   │
└─────────────────────────────────────────┘
                    ⇩
          ┌──────────────────┐
          │ 推奨される除染技術とは？ │
          └──────────────────┘
                    ⇩
      ┌──────────────────────────┐
      │ 3大要求品質を満足できる除染手法とその方法 │
      └──────────────────────────┘
```

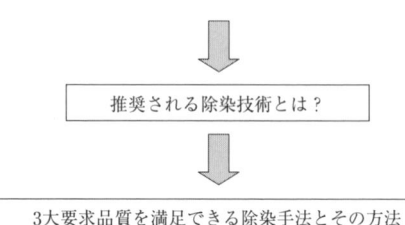

図3.8　除染モデル事業における評価指標

除染の実施にあたっては、避難区域区分、仮置き・中間処分の状況等の上位計画や地形・地勢、土地利用区分やインフラ状況をまず踏まえることが必要です。そのうえで、事前モニタリングにより得られた除染区域の汚染状況等に基づき、上述の3つの要求品質を満足する最適な除染技術を選択します。また、図3.9に示すように、除染作業中も除染効果が得られているかどうかを確認することが必要です。

3.3 除染作業計画の策定

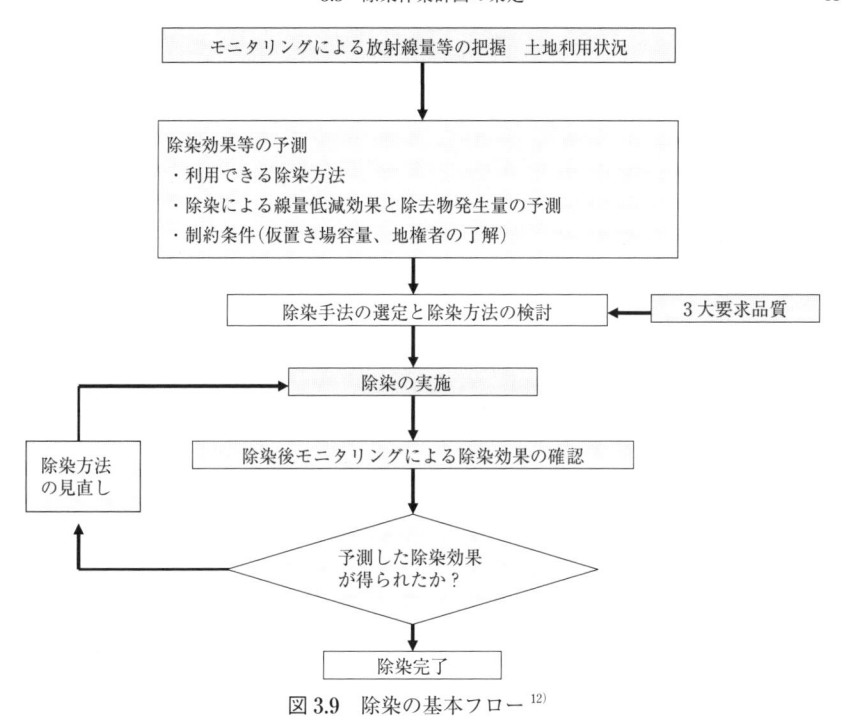

```
┌─────────────────────────────────────┐
│ モニタリングによる放射線量等の把握　土地利用状況 │
└─────────────────────────────────────┘
                    ↓
┌─────────────────────────────────────┐
│ 除染効果等の予測                          │
│ ・利用できる除染方法                       │
│ ・除染による線量低減効果と除去物発生量の予測     │
│ ・制約条件(仮置き場容量、地権者の了解)         │
└─────────────────────────────────────┘
                    ↓
      ┌──────────────────────┐      ┌──────────┐
      │ 除染手法の選定と除染方法の検討 │ ←── │ 3大要求品質 │
      └──────────────────────┘      └──────────┘
                    ↓
┌────────┐    ┌──────────┐
│除染方法  │ →  │ 除染の実施  │
│の見直し  │    └──────────┘
└────────┘          ↓
    ↑     ┌────────────────────────────┐
    │     │ 除染後モニタリングによる除染効果の確認 │
    │     └────────────────────────────┘
    │                 ↓
    │         ◇ 予測した除染効果
    └─────────  が得られたか？  ◇
                      ↓
               ┌──────────┐
               │ 除染完了   │
               └──────────┘
```

図 3.9　除染の基本フロー [12]

第4章
除染におけるモニタリング

4.1 放射線量の測定方法

4.1.1 放射性物質による汚染の指標

　放射性物質による汚染の指標（モノサシ）としては、「空間線量率」、「表面汚染密度」および「放射性物質濃度」が用いられます。空間線量率は、対象とする空間の単位時間当たりの放射線量のことで、外部被曝の程度を示す指標であることから、健康保護の観点での汚染状況の指標として使用されています。空間線量率は、比較的短時間に直接測定することができるうえに、携帯可能な検出器も用意されているので、汚染状況を迅速かつ広範囲にわたって確認するための方法として適しています。

4.1.2 放射線測定機器の種類
（1）　シンチレーション式サーベイメーター

　シンチレーション式サーベイメーターは放射線測定器のひとつで、ガンマ線やエックス線と反応して微弱な光を発する物質（シンチレーター）を使って、放射線のエネルギーや線量を測定します。多くの場合測定単位は $\mu Sv/h$ です。写真を図 4.1 に示します。

　シンチレーターの種類によって、NaI（ヨウ化ナトリウム）シンチレーション式、CsI（ヨウ化セシウム）シンチレーション式等があります。単位にはマイクロシーベルト／時（$\mu Sv/h$）が使われ、$0.1\mu Sv/h$ から数十 $\mu Sv/h$ 程度まで測定することができきます。シンチレーション式サーベイメーターは、ガンマ線の測定に適しており、空間放射線量を測って、体への影響を調べるとき等に使われます。

　福島原発事故で放出された放射性Iや放射性Csは、ベータ線とガンマ線を出し、シンチレーション式サーベイメーターでは、これらのうちガンマ線を測定します。

なお、自然界にあるカリウム40やコバルト60等からもガンマ線が出ているため、とくにに遮蔽をしていない場合は、これらの自然放射線を含めて測定されます。

(2) GM計数管式サーベイメーター

GM計数管式(ガイガー・ミュラーカウンター)サーベイメーターは放射線測定器のひとつで、物の表面の汚染密度の測定に適しています。放射線の数を計測し、単位にはシーピーエム(cpm：カウント・パー・ミニット)が使われ、1分間に計測された放射線の数を表示します。物の表面に放射性物質が付着しているか調べるときに使用します。その写真を図4.2に示します。

GM計数管は、ベータ線の測定に適しており、福島原発事故により放出された放射性Iや放射性Csにはベータ線を出

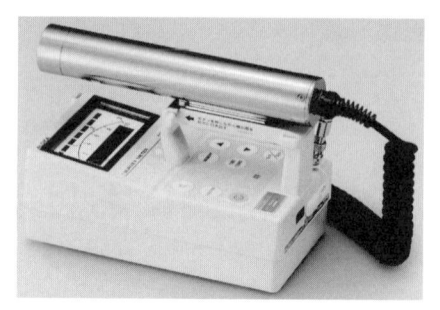

図4.1 NaIシンチレーションサーベイメーターの例

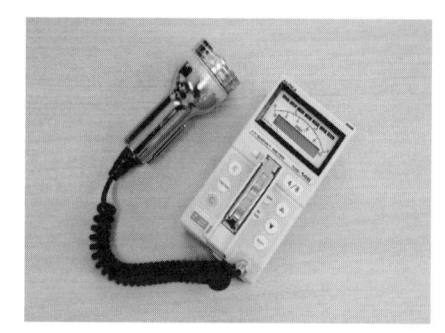

図4.2 GM計数管式サーベイメーターの例

す性質があることから、衣服や体あるいは物体の表面に放射性物質が付いているかどうかを調べるときに使われています。放射線による体への影響を知るためには、放射線の持つエネルギーを調べる必要がありますが、この測定器では放射線のエネルギーの強弱を測ることはできません。ガンマ線を測定できるものもあり、その場合は空間の放射線量も測定できますが、自然放射線レベルの測定では、本来の数値より高く出ることがあるので注意が必要です。

(3) 半導体検出器

半導体検出器は放射性物質の濃度の測定によく用いられます。半導体に放射線が当たると電子が発生することを利用して放射線を検出します。他の測定器と比べ、エネルギーの分解能力が極めて高いことが最大の特徴です。

放射線のエネルギーは、放射性物質の種類によって異なるので、エネルギーを解析することによって、放射線を出している放射性物質の種類を判別することができます。高精度な測定ができることから、食品に含まれる放射性物質の検出や、放射

能の量について厳密な数値を知りたいときに使われています。概略を図 4.3 に示します。以上に示した 3 つの測定機の特徴等を表 4.1 にまとめておきました。

図 4.3　ゲルマニウム半導体検出器の例

表 4.1　放射線測定機の特徴等

機器名称	特徴・測定原理・測定単位
NaI(TI)シンチレーションサーベイメーター	・主にガンマ線を測定、発光効率は高い、エネルギー補償型 ・NAI(TI)に放射線が入射した際に生じる発光を光電子増倍管等で電気信号に変換し、出力を得るもの 測定単位は $\mu Sv/h$
GM 計数管式サーベイメーター(表面汚染密度測定用)	・ベータ(ガンマ)線用の表面汚染密度測定では最も代表的な測定機 ・ベータ線による表面汚染の検査には、大面積端窓型 GM 計数管を使用 測定単位は cpm(カウント・パー・ミニット)(1 分間に計測された放射線の数)
ゲルマニウム半導体検出器	・ガンマ線を測定、核種ごとの道程・定量が可能 ・放射線が半導体検出器を通過することにより電離を引き起こし、生じた電荷により出力を増幅し、エネルギーを測定するもの 測定単位は Bq/kg、Bq/L 等

(4)　放射線測定機器の保守

　測定機器は、測定環境による検出器の感度変化や電気回路の部品劣化により、指示値が正しい値からずれることがあります。このため、定期的に校正(指示値のずれの修正)して精度を確保することが望ましく、具体的には、日本工業規格(JIS)のエネルギー補償型のシンチレーションサーベイメーターに関する校正手法に準拠した校正を年 1 回以上行い、要求されている性能を満たすことを確認する必要があります。校正は JIS に則った校正を行っている登録事業者で校正することができます。

　登録業者での校正が困難な場合、これに準ずる簡易な校正方法として、別に用意した基準となる校正済みのエネルギー補償型のシンチレーションサーベイメーターと、同時に同じ場所(測定機器を実際に使用する地域と同程度の線量の場所)を 5 回

程度測定し、指示値にどれだけの差があるかを確認・記録したうえで、実際の測定値からその差分の平均値を加減したものを正しい測定値とすることも可能です。ただし、校正済みの基準の測定機器との測定値の差の平均が20％以上ある場合、その測定機器には十分な信頼性がないものとみなします。

校正をしていない測定機器を用いた測定結果については、事後的にその測定機器を校正して、必要に応じて測定結果を補正したうえで評価することとし、校正の結果十分な信頼性が認められない場合には、その測定機器による測定結果は判断材料として採用しないようにします。

なお、エネルギー補償のない測定機器については、購入後1年以内であっても、校正済みのエネルギー補償型のシンチレーションサーベイメーターを用いて簡易校正を実施し、必要な性能を満たすことを確認することが推奨されます。

また、日常点検として、電池残量、ケーブル・コネクターの破損、スイッチの動作等の点検およびバックグラウンド計数値の測定（バックグラウンドが大きく変化しない同一の場所で測定を行い、過去の値と比較して大きな変化がないことを確認）を実施し、異常・故障の判断の目安とします。

4.1.3　放射線測定機器の使用方法

測定にあたっての原則は次のようです。なお、具体的な測定機器の使用方法については、使用している測定機器のマニュアル等を参照し、正確な値を測定してください。

① 除染実施区域を決定するための調査測定では、その区域の平均的な空間線量率に基づいて判断するため、くぼみ、建造物の近く、樹木の下や近く、建造物からの雨だれの跡・側溝・水たまり、草地・花壇の上、石塀近くの地点での測定は避けます。
② 原則として地表から1mの高さを計測します。ただし、幼児・低学年児童等の生活空間を配慮し、小学校等においては50cmの高さで計測します。
③ 本体およびプローブ（検出部）をビニール等で覆い、測定対象からの汚染を避けます。
④ プローブは地表面に平行にし、体からなるべく離します。
⑤ 測定値が安定するのを待って測定値を読み取り、記録紙に記入します。

4.2 除染におけるモニタリング

4.2.1 除染作業とモニタリング

除染におけるモニタリングは、除染作業の進捗に応じ、図4.4に示すように、おおむね3段階に分けて行います。

(1) 除染作業開始前

除染作業開始前のモニタリングは、除染方法および使用機械の選定、除去物発生量の推定等を目的とします。測定項目としては、地表面の表面線量率および表面密度、家屋や大型構造物の屋根・壁の表面密度、地表面等の放射性物質濃度があります。除染作業中および除染作業終了後のモニタリング結果との比較を行うため、測定位置と測定値だけでなく、測定機器、測定場所等の測定条件も正確に記録する必要があります。

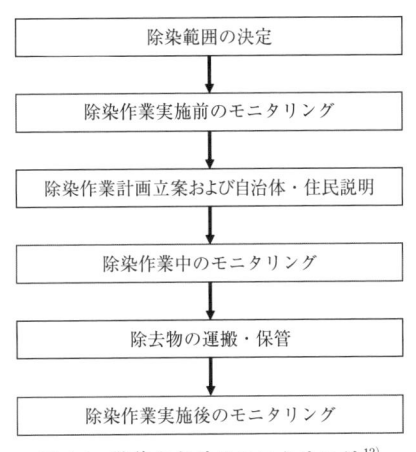

```
┌─────────────────────┐
│    除染範囲の決定     │
└──────────┬──────────┘
           ↓
┌─────────────────────┐
│ 除染作業実施前のモニタリング │
└──────────┬──────────┘
           ↓
┌─────────────────────┐
│除染作業計画立案および自治体・住民説明│
└──────────┬──────────┘
           ↓
┌─────────────────────┐
│   除染作業中のモニタリング   │
└──────────┬──────────┘
           ↓
┌─────────────────────┐
│    除去物の運搬・保管    │
└──────────┬──────────┘
           ↓
┌─────────────────────┐
│ 除染作業実施後のモニタリング │
└─────────────────────┘
```

図4.4 除染におけるモニタリング[12]

(2) 除染作業中

除染が適切に行われ、効果を上げているか、追加の除染が必要か等の評価および判断を目的として測定します。必要に応じて除去した土壌・草木等の放射性物質濃度を測定すると除染効果の確認に有効です。

除染作業による周辺への影響を確認することを目的に、除染実施区域内もしくはその周辺における空間線量率を定期的に測定します。この方法を「定点モニタリング」と呼んでいます。定点モニタリングによって継時的変動を確認し、除染の影響の波及や再汚染等の有無の確認を行い、再汚染の可能性がある場合は、必要な対策を提示します。

(3) 除染作業終了時

除染の効果を確認することを目的とします。除染効果の評価を容易にするため、除染作業開始前と同一地点において、かつ、同一の測定器を用いて測定するのが原則であり、有効です。

4.2.2 モニタリングの仕様
(1) 測定項目

除染におけるモニタリングは、空間線量率、表面線量率、表面密度の3項目を基本とします。必要な場合は、表4.2のように、土壌および大気中の放射性物質濃度を測定することも可能です。ただ、放射性物質の濃度の正確な測定はかなり複雑なので、多くの場合、線量率から推定することが多いようです。

表4.2 測定項目と測定時期

測定項目	除染作業開始前	除染作業中	除染作業終了後
空間線量率、表面線量率、表面密度	○	○	○
土壌等の放射性物質濃度	△	△	△
大気中放射性物質濃度	△	△	△

○：必須、△：必要に応じて

(2) 空間線量率の測定方法

除染における空間線量率の測定は、「学校等における放射線測定の手引き」[25]や「除染関係ガイドライン」[6]に準じて行います。詳細は参考資料を参照してください。ここでは、電離箱式サーベイメーターについて簡単に説明しておきます。

図4.5に示す電離式サーベイメーターは、放射線による空気の電離量を測定原理としているため、照射線量の定義に合った測定法になっています。このため、エネルギー特性が良好で、エックス線やガンマ線の測定に適しています。電離箱の気密性が悪いと、気温や気圧の影響を受けやすくなります。微弱電流を取り扱うため、湿度の影響を受けやすいという弱点があります。使用上の留意すべき点は、次のとおりです。

① 湿度を嫌うので、保管は乾燥剤等を入れた保管箱に収納します。
② 低線量率の測定は、バックグランド放射線の影響を受けやすいので、積算線量測定モードを使用するなどの工夫が必要です。
③ 使用前には、バッテリーの確認、時定数の確認、バックグランド値の測定を行い、異常のないことを

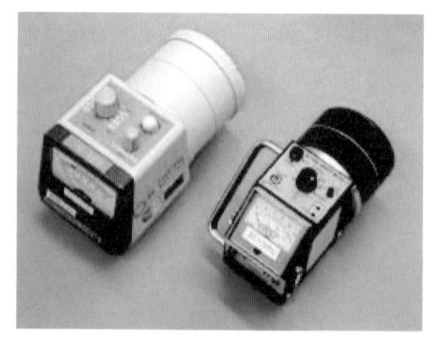

図4.5 電離箱式サーベイメーターの例

確認します。
④ エネルギー特性が良好であることから、管理区域境界の線量測定や漏洩線量の測定等に利用します。

空間線量率の測定において留意すべき点を挙げると次のようになります。
① 積雪時には雪(水)の遮蔽効果があり、空間線量率等の測定値は積雪がない場合よりも低下する傾向にあります。そのため、測定は消雪後に行うか、積雪時にあえて測定を行う場合は積雪があることを明記し、必要に応じて積雪深を記録します。
② 測定値は風による埃等の巻き上げによる変動を受けるため、風向風速の急変時には測定を一時中断するなどの配慮を行う必要があります。
③ 測定機器には、汚染を付着させないために保護ビニール等を用いて適切な養生を行います。また、適宜、保護ビニール等に汚染がないか確認します。保護ビニール等に汚染の可能性があれば、紙ワイプ、ウエス等による拭き取りやビニールの交換を行います。
④ NaIシンチレーション式サーベイメーターの検出部は、湿度が高い状態が続くとカビが発生し性能の低下または故障の原因になるため、使用する時に養生を行います。

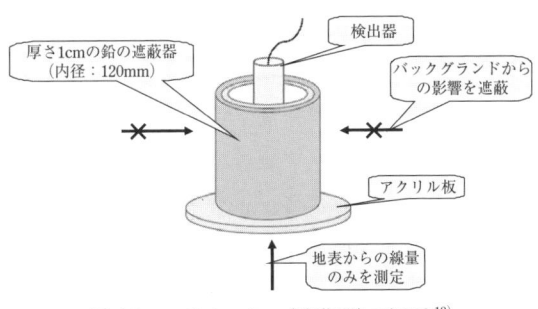

図4.6 コリメーター(遮蔽器)の概要[12]

図4.6に示すコリメーター(collimator)は、原子核や素粒子の実験で、鉛等の遮蔽体を用いて粒子線を定まった細さに絞る装置と定義されています。サーベイメーターとコリメーターの被覆の写真を図4-7に示します。

図4.7 サーベイメーターとコリメーターの被覆例[12] 地上1cmの空間線量を測定中

(3) 表面密度の測定方法

除染事業における表面密度の測定は、

先に示した「学校等における放射線測定の手引き」[25]や「除染関係ガイドライン」[6]に準じて行います。GM 計数管型サーベイメーターを使用することを基本とし、機器に定められている要領に従い、適切に校正されたものを使用します。測定に当たっては、計画段階において策定した要領書に基づき実施します。留意する事項を以下に示します。

① 時定数、回数について、時定数を 10 秒とする場合、測定開始から 30 秒程度待ち、数値を読み取るのが標準的な方法です。繰り返し測定を行う場合も同様です。

② 測定値の変動が大きく、読み取りが難しい場合もあります。その場合は測定開始の 60 秒後から 15 秒程度の間隔で複数回(例えば、5 回)読み取り、それらの平均値を測定値とする方法があります。標準偏差が大きい場合は、外乱による誤差が大きいとみなせるため、測定の信頼性の確認にも役立ちます。

③ 単位は cpm で有効数字 2 桁にて記載します。複数回測定した場合は、2 桁を読んで平均値・標準偏差を算出します。

④ GM 計数管型サーベイメーターにはベータ線とガンマ線の両方を測定する機能がありますが、測定対象の表面が湿潤状態である場合や積雪がある場合、ベータ線はガンマ線に比べて障害物による遮蔽を受けやすく、正確な測定ができなくなります。このような場合は、測定対象物の表面が乾燥するまで測定を見合わせます。また、GM 計数管型サーベイメーターの検出部は、非常に薄い膜でできているため、使用しないときは保護キャップを取り付け、使用時も測定対象物に接触しないよう注意する必要があります。

(4) 環境サンプルの採取および分析の方法

除染が必要とされている範囲には、多様な環境媒体(土壌、路面、草地、落葉、樹木等)に放射性物質が付着しており、これらの環境媒体中の放射線物質の濃度の測定の際には、表 4.3 に示すマニュアルに基づいて実施します。なお、表 4.3 に示すような環境試料のサンプリングや放射性物質濃度等の分析方法は、「放射能測定法シリーズ」として国(文部科学省)により制定されています[26]。このシリーズにおいて、34 種に及ぶマニュアルが整備されています。

分析の結果は、誤差も同時に併記し、適切な有効数字の桁数で記録します。さらに、以下の点にも留意する必要があります。

① 地表面:落葉については、樹種(落葉樹・常緑樹)を区別し、測定結果に記録し、解析時に参考にします。腐植土層については、落葉の分解状態から落葉後の

表 4.3 環境試料のサンプリングと濃度の測定方法

作業項目	準拠方法
サンプルの採取	樹皮・枝:「環境試料採取法」(昭和58年、文部科学省) 土壌・落葉:「空間線量率(1 cm 線量率)の測定および土壌試料の採取に係わる要領書」(平成23年6月1日、文部科学省)を参考
試料の調整	「緊急時におけるガンマ線スペクトロメトリーのための資料前処理法、第7章 葉菜類、第11章 土壌」(平成4年、文部科学省)を参考
試料の放射性物質濃度測定	「緊急時における食品の放射能測定マニュアル 第2章2 ゲルマニウム半導体検出器を用いたガンマ線スペクトロメトリーによる核種分析法」(平成14年,厚生労働省)または「放射能測定法シリーズ6 NaI(Tl)シンチレーションスペクトロメータ機器分析法」に準拠

時間が判別できる場合があります。どの層に当たるかも確認できれば記録して解析の参考にします。

② 舗装面(アスファルト舗装、コンクリート舗装):舗装面に付着した放射性物質は、一般的な密粒度舗装ではほとんど表面に残留していますが、透水性舗装等の雨水等が表面に溜まらないよう舗装面の深部に浸透させる舗装もあります。このような場合は、舗装面をコアボーリングしてサンプリングすると、深度方向の分布を知ることができます。

③ 樹木(葉、樹皮):樹木の枝葉や樹皮については、1箇所からまとめて採取すると樹木を痛めるため、必要に応じて複数の樹木から少量ずつ平均的に集めるようにします。

(5) ダスト濃度

表土の除去や舗装路面の切削・高圧水洗浄等の除染方法は、放射性物質を含んだ粉塵や飛沫が作業場所周囲に飛散する場合があります。これらの飛散状況を確認し、適切な防護装備を選択することを通して作業員の内部被曝を防止するため、作業中の大気環境中のダスト濃度を測定する必要があります。ダスト濃度測定機の概要を図4.8に示します。測定は「除染電離則」に定められた方法に基づいて行います。除染電離則とは、東日本大震災で生じた放射性物質により汚染された

図4.8 ダストサンプラーの概要例

土壌等を除染するための業務等に係る電離放射線障害防止規則（厚生労働省）のことです。平成24年1月1日から施行され、正式名称は「東日本大震災により生じた放射性物質により汚染された土壌等を除染するための業務に係わる電離放射線障害防止規則」と言います。

4.2.3 モニタリングの実際
（1） 除染作業開始前の測定
　除染作業開始前の測定おいて留意点すべき事項をまとめると、以下のようになります。
① 測定点ごとに、空間線量率・表面線量率・表面密度の3種類を合わせて測定することが推奨されます。なお、バックグラウンドの影響が有意な場所に対しては、表面密度の測定に当たり、コリメーターを組み合わせた測定を行うと、除染効果の評価に有効です。
② 除染作業開始前の空間線量率等は、「除染対象範囲における面的分布状況の把握」および「家屋の周囲など人の往来の多い場所で局所的に線量が高くなる可能性がある場所（ホットスポット）の把握」の2つに分けて実施します。
③ 面的分布状況については、おおむね等間隔で測定します。対象範囲の面積によりますが、森林、農地、グラウンド・公園、道路とも、30 m程度のメッシュで行うのが普通です。面積が小さい場合は、敷地内をサイコロの5の目の測定点配置で行うなどの工夫をします。また、周辺からの線量の寄与を評価するため、除染対象エリアに隣接する区域で、容易に立ち入れる道路等（除染対象エリア境界から100 m程度の範囲を目途）についても測定することが望まれます。
④ ホットスポットについては、各敷地内で樹木の根元、雨樋、排水溝付近、たたき、吹き溜まり箇所等において代表的な場所の測定を行います。これに加え、玄関等の人が頻繁に出入りする場所についても測定を行います。なお、屋根・壁について周辺の空間線量率と異なることが予想される場合、作業安全が確保できれば1軒当たり各々1点程度行うことを推奨します。

　農地土壌等の放射性物質濃度は、除染対象となった範囲における土地利用区分（森林、農地、宅地、大型構造物、道路）ごとに1点以上表層を採取して分析します。この際、腐植土層があれば、土壌と分けて採取し、個々について分析することが必要です。また、放射性物質濃度の高そうなもの（例えば、コケ）も合わせて測定して

おくと以降の解析の際に参考になります。
(2) **除染作業中の測定**
　除染作業中の測定に関する留意点は次のようにまとめることができます。
① 測定点ごとに、空間線量率・表面線量率・表面密度の3種類を合わせて測定することを推奨します。なお、バックグラウンドの影響が有意な場所に対しては、表面密度の測定に当たり、コリメーターを組み合わせた測定が除染効果の評価に有効です。
② 除染作業開始前のモニタリング箇所を参考とし、農地等の十分な広がりのある場所については30m間隔のメッシュの配置で行います。
③ 同一地点の監視測定については、土地利用区分(森林・農地・宅地・大型構造物・道路)ごとに各1点以上について週1～2回程度測定します。
④ 発生した除去物(土壌等)の表面線量率測定については、除去土壌等を収納したフレキシブルコンテナ等の表面で可燃物・不燃物ごとに20個/ha(除染面積)程度測定することが推奨されています。
⑤ 除染係数は、「除染前の表面密度(cpm)」を「除染後の表面密度(cpm)」で除した値として定義します

　大気中放射性物質濃度の測定にあたっては、除染方法ごとにダストモニタリングを行い、作業員の内部被曝防止のための保護具の装備の安全性について確認します。粉塵の発生が予想される除染作業(ブラスト、切削、土壌剥ぎ取り等)については、作業ごとに大気中放射性物質濃度を測定することを推奨します。

(3) **除染作業終了後の測定**
　除染終了後の測定における留意点を挙げると次のようになります。
① 測定点ごとに、空間線量率・表面線量率・表面密度の3種類を合わせて測定することが推奨されます。なお、バックグラウンドの影響が有意な場所に対しては、表面密度の測定に当たり、コリメーターを組み合わせた測定が除染効果の評価に有効です。
② 除染作業終了後には、除染作業開始前と同じ場所の測定を行い、除染作業前後の値を比較して効果を評価します。

　土壌等の放射性物質濃度の測定は、終了後に、除染作業開始時と同じ場所の土壌を採取し分析することによって除染効果を把握できます。

(4) **ホットスポットの探知方法**
　ホットスポットになりやすい場所としては、ホットスポットとしては、雨水が集

まる箇所およびその出口、植物およびその根元、雨水・泥・土が溜まりやすい箇所、微粒子が付着しやすい表面が荒い構造物を挙げることができます。モデル事業においても、雨樋の下、水路周辺、コケ、腐植土が局所的に高い線量を有していることが確認されています。

　ホットスポットの確認方法は、上記のホットスポットになりやすい場所を参考に、「放射線測定に関するガイドライン」、「汚染ポイント周辺の空間線量率の測定」に準じて確認を行います。その他、ホットスポットを見つけるために、放射線測定器を携帯し測定値をリアルタイムで視認しながら除染対象エリアを徒歩で巡回して、周辺より放射線量が高い値を示す場所を特定します。必要に応じ二次元の視認データを得ることができるガンマプロッター等を有効に利用するなどにより、ホットスポットを探索できます。

(5)　既往の調査実績の活用

　除染対象面積当たりの測定点数を増やすと、面的分布の測定精度向上に有効ですが、点数の増量には現実的には限界があります。そこで、他で行われている調査による知見を活用していくことが、広域除染計画策定や評価に対して効果的です。例として以下の方法を挙げることができます。

① 無線ヘリコプターによる測定結果の活用：無線ヘリコプターは、本体に大型プラスチックシンチレーション検出器を搭載し、地上局(ワンボックスカー)から無線で遠隔操作する方式です。1秒ごとに計数率データとGPSデータを採取し、換算係数(Cd)を使用して地上1mにおける空間線量率に換算します。迅速に広範囲を測定することができるうえ、プログラム飛行が可能なため、同一ルートでの飛行により除染効果の確認、経年変化による変動追跡等が可能となります。また、人が容易に立ち入れない田畑の中や、森林、山の斜面等でも測定可能です。

② モニタリングカーによる測定結果の活用：モニタリングカーは、NaIシンチレーション式サーベイメーターおよび電離箱式サーベイメーターを搭載し、道路上を走行しながら、測定値とGPSによる位置を記録します。データ採取終了後、あらかじめ実測により定めた補正式を用いて、車内で計測した線量率を地上1mの空間線量率に換算します。

4.2.4 測定対象の特徴に応じた測定事例
(1) 建物壁等
　建物壁や屋根にコリメーターを固定することは難しいため、測定に際しては工夫が必要です。例えば、空間線量率が $3\mu\mathrm{Sv/h}$ 程度だと、GM 計数管型サーベイメーターによる計数値は 1,000 cpm 程度あるため、汚染していない場所や十分な除染効果が得られている場合でも汚染の有無の確認すら難しい場合もあります。

　GM 計数管型サーベイメーターはベータ線とガンマ線を計測しますが、アクリル板を検出部に当てるとベータ線は遮蔽されます。したがって、アクリル板の有無の計測値の差がベータ線由来となります。アクリル板を使っての対象物のベータ線の量と、汚染源が至近にない周辺の場所でのベータ線の量が大きく異なれば汚染の可能性が濃く、大差なければ可能性が薄いことがわかります。窓について、ガラス面は壁と同様、直接 GM 計数管型サーベイメーターによる測定が可能です。

(2) 屋根・雨樋
　屋根への放射性物質付着状況は高所作業となり、実施が難しい場合も多いため、以下の工夫が必要です。

　検出器と測定値表示盤間のケーブルが長い測定器を使用します。支持棒に検出器を結び付けて地上から位置操作・測定値確認を行うことにより、安全に測定が可能となります。測定の状況を図 4.9 に示します。雨樋についても同様に高所作業への対応を行う方法がありますが、検出器部分が雨樋の中に極力入るようにすることが必要です。測定の状況を図 4.10 に掲載しておきます。

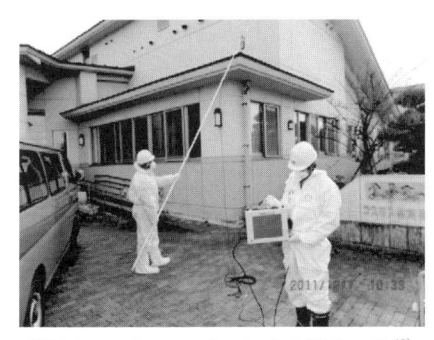

図 4.9　エリアモニターによる測定の例 [12]　　図 4.10　サーベイメーターによる樋の測定例 [12]

(3) 室　内
　室内におけるモニタリングを行う場合、室内の放射性物質の付着によるものと屋

外の放射性物質の影響によるものが計測されることになるため、測定に際しては次のような工夫が必要です。すなわち、放射性物質の付着の有無を確認するためには、部屋中央と窓際で測定を行い、その差を確認する方法、また、屋内でスミアろ紙による床の一定面積を拭き取り、GM計数管型サーベイメーターで測定する方法があります。

(4) 森　　林

森林におけるモニタリング値は、落葉の状況や下草の繁茂状況、樹種等によってその意味合いが異なり、除染方法等に影響を及ぼすため以下の点に留意して実施します。

① 測定結果とともに測定場所における下草や広葉樹・針葉樹の落葉状況を備考欄等に追記しておきます。
② 樹木の根元はホットスポットとなっていることも多いため、地域の平均的な線量率を測定する場合はこのような場所を避けるようにします。
③ 森林内は傾斜地である場合が多く、転倒・滑落等に対する安全対策に留意する必要があります。
④ 写真撮影や樹木へのマーキング等を行い、測定場所を確認できるようにしておきます。

第5章
土地利用区分ごとの除染

5.1 除染関係ガイドライン

　土地利用区分ごとの除染方法を検討する前に、現在、除染関係者に利用されている「除染関係ガイドライン」について少し触れておきたいと思います。環境省では、「放射性物質汚染対処特措法」に基づき、具体的に実際の除染作業を行うための指針と解説を兼ねた除染関係ガイドラインを策定し、基本的にはこれに基づいて除染を進めています。しかし、今年（2013年）の5月に改訂され、「除染ガイドライン（第2版）」[6]として公開されました。現在この第2版に準拠して除染作業が進められることになります。

5.1.1　改訂の考え方
　改訂に当たっては、広く自治体等の意見を聴取し、以下の観点を中心として検討を行っています。
① 効果・効率が高いと判明した新たな技術の取り込み：除染技術実証事業あるいは除染モデル事業等において、除染効果・効率が高いことが確認され、かつ、様々な地域での活用が想定される技術について、それの活用をガイドライン内に位置付けています。
② 除染作業のノウハウや自治体から質問を受けた事項への対応：除染作業を進めていくにつれてわかってきた除染作業のポイントや注意点等を明示するように努めています。また、自治体から具体的な方法または対象等に関する質問のあった事項について、具体的な方法等が示されています。
③ 不適正な除染に対する対応：一連の不適正除染に関する報道において、除染によって生じた排水の処理方法等について取り上げられたことを踏まえ、排

水の放流、回収および処理方法、用具の洗浄等について具体的な方法を示しています。また、排水に含まれる放射性物質濃度が低いこと等、安心につながるデータを示しています。
④ わかりやすさの向上：第1版については、除染の開始までの時間等が少ない中で策定したこともあり、「わかりやすさ、使いやすさ」という観点からの記述が必ずしも十分ではありませんでした。除染作業手順や方法についてできる限り視覚的に示すことに努めています。
⑤ リスクコミュニケーションの観点からの説明の充実：除染関係ガイドラインは、市町村による除染の実施、仮置場の設置等にあたって住民に説明する際の資料等として、リスクコミュニケーションに活用されている場合もあります。このため、可能な範囲で、仮置場における地下水モニタリングの結果等、住民の安心につながるモニタリングデータ等を示すように心がけています。

なお、森林については、「今後の森林除染の在り方に関する当面の整理について」[10]を踏まえ、引き続き必要な調査・研究等を進めることとしており、今回の改訂は行っていません。

5.1.2　除染関係ガイドラインの概要

環境省は、放射性物質汚染対処特措法規則等を制定し、法律の内容をより具体的に示しました。規則等に定められている除染の方法等を、実際に除染作業に従事する関係者が利用できる指針の形でわかりやすく取りまとめたものが「除染関係ガイドライン」です。当初のガイドライン（第1版）は、今後の知見の蓄積あるいは経験等を踏まえ、随時改訂を行っていくことになっていました。この考え方が今回の改訂となったわけです。

除染対象物には、国土交通省や農林水産省等の所管に属する物や場所も多いわけですが、放射性物質の汚染に関する除染については、環境省の除染関係ガイドラインに準拠して実施することになっています。除染関係ガイドラインは次に示す4編から構成されています。

① 第1編「汚染状況重点調査地域内における環境の汚染状況の調査測定方法に係るガイライン」
② 第2編「除染等の措置に係るガイドライン」
③ 第3編「除去土壌の収集・運搬に係るガイドライン」
④ 第4編「除去土壌の保管に係るガイドライン」

第1編は、汚染や除染の状態に係わるモニタリングの方法、すなわち、測定場所、使用機器、測定時期、使用方法等についての基本原則を述べています。第2編は、建物等工作物の除染、道路の除染、土壌の除染、森林の除染等、土地利用区分ごとの除染の方法をまとめています。第3編は、除去物（主体は除去土壌）の収集・運搬のための具体的な要件等に関する基本的な事項を解説しています。第4編は、除去物の保管のために必要な保管施設の安全要件と安全管理の要件等を具体的に示しています。

5.1.3 放射線測定に関する基本的事項の確認

土地利用区分別の各々の除染対象物の除染作業を始めるに当たっては、作業開始前調査と作業終了時の調査を必ず実施しなければなりません。これの最大の目的は除染の効果を確認するためです。これら調査の方法については第4章で説明しました。本章においては、土地利用別の除染を検討するに当たって、各々の事前調査および事後調査には触れないこととします。必要な場合には第4章を参照してください。

(1) 除染作業中のモニタリング

除染作業中の空間線量率の変化を把握するため、除染モデル事業が行われた各地域で、10～30点程度の測点を選定し、毎日1回測定することで、除染に伴う空間線量率の推移を把握しています。代表例として、浪江町権現堂地区の4点の結果を図5.1に示します。これ以外の測定点でも、ほぼ同様な結果が得られており、除染作業によって空間線量率が大きく低下することが確認されています。

(2) 平坦で広い場所のメッシュ観測

本格的除染におけるモニタリングの簡素化・迅速化を考えて除染モデル事業の8箇所の学校の運動場を対象に、30mメッシュと10mメッシュの場合について、空間線量率の測定値の差異を検討しています。

30mメッシュと10mメッシュの平均空間線量率の差は、事前モニタリングでは1～7％、事後モニタリングでは2～21％程度であり、両者の間に大きな差は認められません。除染後のモニタリングでは、やや差が大きくなりましたが、これはグラウンド等の中央部は、ほぼ同じ施工方法（モーターグレーダー等）で実施し、周縁部はばらつきが出やすい施工方法（バックホウ、人力等）で実施したため、除染効果にばらつきが生じたものと考えられます。

メッシュ測定の空間線量率は、極端に高いホットスポットがない限り、平均値の

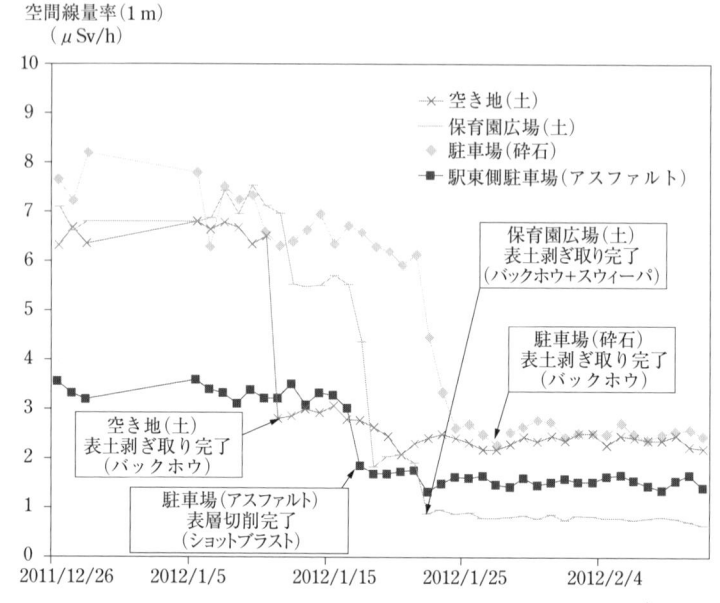

図 5.1　空間線量率(1 m)の定点観測の例(浪江町権現堂地区)[12]

変動は小さく、30 m 程度のメッシュ測定でも空間線量率の傾向の把握は可能と考えられます。このような結果が得られていますが、モデル事業においては、学校のグラウンドや運動場等、比較的平坦で広い敷地については、10 m のメッシュでモニタリグを行い、森林や農地などでは 30 m メッシュでモニタリングします。

(3)　**除染方法と手順の組み合わせ**

対象地域の面的な除染が進み、人が住み、商店は店を開き、農地を耕し、さらに森林作業ができるようにならなければ、地域や社会は成り立ちません。面的な除染効果が最も重要となります。面的な除染を念頭に置いた効果的な除染方法と手順の組み合わせを第 3 章の図 3.6 や図 3.7 に示していますので参照してください。基本的には、地域においても、また、部分としての宅地等においても、高所から低い所に向かって除染を進めることが基本です。したがって、一般的には、森林・農地→大型建物やグランド→宅地・家屋→道路の順序で除染作業を進めることが基本となります。

5.2 森林の除染

5.2.1 森林除染に関する基礎知識
(1) 森林における放射性物質の付着状況

生活圏の空間線量を下げるためには、生活圏の除染方法の選定の前に、森林を含めてどの範囲まで除染する必要があるのかが重要になります。生活圏のための森林除染の範囲については、南相馬市における試験結果によると、生活圏との森林の隣縁部から水平距離で10 m以上森林除染を実施しても、生活空間の空間線量はあまり低減しないことが確認されており、林縁部から10 m程度の除染で問題ないとされています。

常緑樹林のスギやアカマツの場合、樹木の枝葉に20数％～50％程度、落葉層に20～50％程度の放射性物質が付着しており、落葉樹林のコナラの場合、60数％が落葉層に付着していることが、農林水産省の調査で明らかになっています。また、表5.1および図5.2に示すように、常緑樹林(スギ)の場合、上部ほど高くなるか一定になる傾向が見られます[12)]。落葉樹の場合、木の上部ほど線量が低くなる傾向が見られます。事故時点で葉のなかった落葉樹では、大部分の放射性物質は直接地表に降

表5.1 樹木の高さ方向の空間線量率

(a) 常緑樹(スギ)

地上高さ(m)	空間線量率(μSv/h)		
	北側	南側	東側
15	7.88	7.07	ー
10	7.14	7.91	9.12
5	6.94	5.83	7.65

(b) 落葉樹と竹林

地上高さ(m)	空間線量率(μSv/h)
4.32	8.90
3.35	9.49
2.17	9.58
1.09	11.64

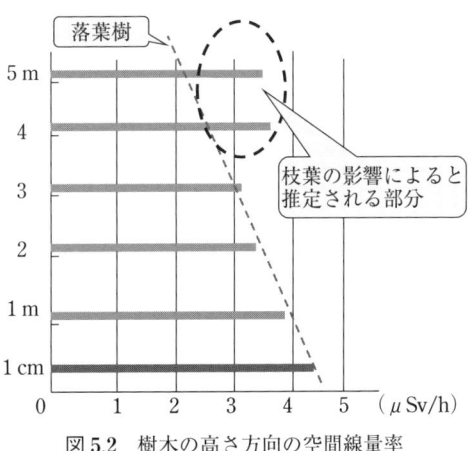

図5.2 樹木の高さ方向の空間線量率

下したと推定されます。
(2) 森林の除染方法の選定
　上記のような知見を踏まえ、さらに、地形(平地または斜面)等を考慮して除染の方法を検討します。森林除染における除染方法の決定までの流れを図5.3に示します。

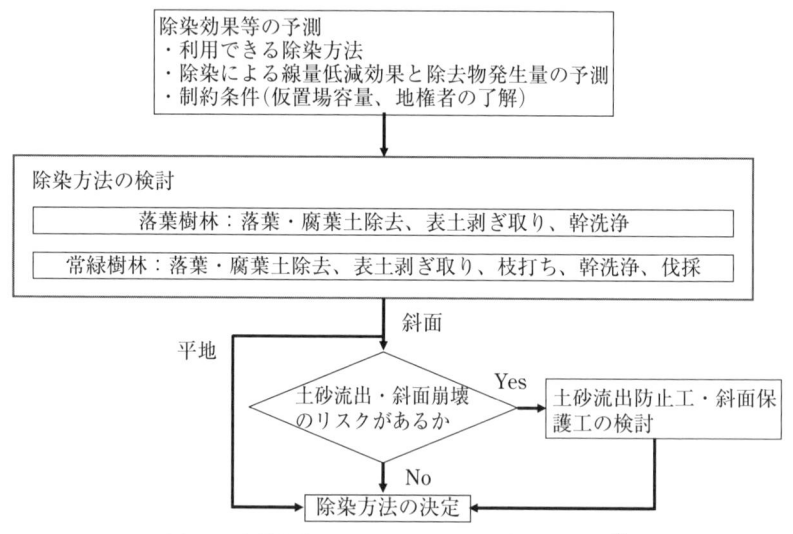

```
除染効果等の予測
・利用できる除染方法
・除染による線量低減効果と除去物発生量の予測
・制約条件(仮置場容量、地権者の了解)
          ↓
除染方法の検討
  ┌─────────────────────────────────────────┐
  │ 落葉樹林：落葉・腐葉土除去、表土剥ぎ取り、幹洗浄 │
  ├─────────────────────────────────────────┤
  │ 常緑樹林：落葉・腐葉土除去、表土剥ぎ取り、枝打ち、幹洗浄、伐採 │
  └─────────────────────────────────────────┘
          ↓ 斜面
   平地   ◇ 土砂流出・斜面崩壊  Yes → 土砂流出防止工・斜面保
          のリスクがあるか              護工の検討
              ↓ No                         ↓
          → 除染方法の決定 ←
```

図5.3　森林除染における除染方法選定のフロー[12]

　低減率の向上を図り、除去物発生量を抑制するためには、事前に設定した腐植土・表土等の剥ぎ取り厚さを、作業員間で統一する必要があり、事前に十分な模擬試験、剥ぎ取り厚さの目合わせを行い、作業員間で剥ぎ取り厚さのばらつきを少なくしておくことが重要です。また、落葉、腐植土等を効率的に回収し、取り残しを防止するためにはバキューム吸い取り・搬送等の手法も適用する必要があります。

5.2.2　森林除染の方法
(1)　森林除染の考え方
　放射性物質(福島原発事故では放射性Cs)に汚染された森林の除染に関する国の方針は、「空間線量の引き下げを森林除染の基本方針とし、住居等の近隣における除染を最優先に行い、住民の被曝線量の低減を図る」としています[27]。森林全体への対応については、その面積が大きく、腐葉土を剥ぐなどの除染方法を実施した場

5.2 森林の除染

合には、膨大な除去物が発生することとなり、また、災害防止等の森林の多面的な機能が損なわれる可能性があることから、拡散防止対策等も含めた調査を行い、その扱いについて検討を継続することになっています。

(2) 落葉等の堆積有機物の除去

住居等の近隣に位置する森林除染の概略の手順を図 5.4 に示します。森林の落葉等の堆積有機物には、放出された放射性物質の多くが沈着しています。また、スギ等の常緑針葉樹林については、約 2 年が経過している現在も、葉と堆積有機物の双方に多くの放射性物質が蓄積されていることが確認されて

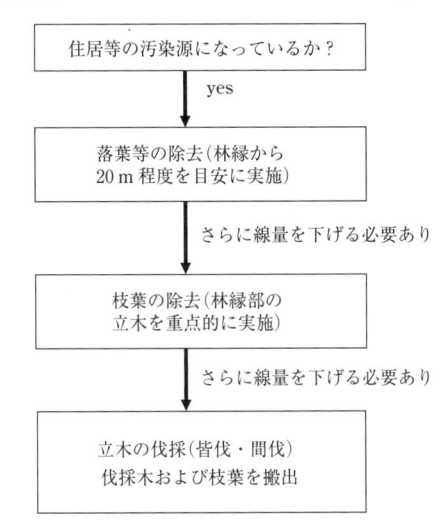

```
住居等の汚染源になっているか？
         │ yes
         ▼
落葉等の除去（林縁から
20 m 程度を目安に実施）
         │ さらに線量を下げる必要あり
         ▼
枝葉の除去（林縁部の
立木を重点的に実施）
         │ さらに線量を下げる必要あり
         ▼
立木の伐採（皆伐・間伐）
伐採木および枝葉を搬出
```

図 5.4 住居等の近隣に位置する森林の除染の手順[6]

います。常緑針葉樹の葉は、通常 3〜4 年かけて落葉することから、一度のみでなく、この期間にわたって継続的な落葉等の除去が必要となります。

落葉広葉樹林については、放射性物質の放出が集中した 3 月においては、新葉が展開していなかったことから、堆積有機物に多くの放射性 Cs が沈着している傾向にあり、一回の除去作業による除染効果が高いと見込まれます。また、落葉広葉樹林についても、落葉等の除去は、当該森林近隣の住居等における空間線量率にもよりますが、林縁から 20 m 程度の範囲を目安に行うことが効果的・効率的とされています。落葉等を除去した後の空間線量率の低減状況を確認しつつ、その範囲を決定することが必要です。

落葉等の除去に当たっては、森林の保全や放射性物質の再拡散防止の観点から、降雨による表土の流亡防止が重要なので、一度に広範囲で落葉等の除去を実施するのではなく、状況を観察しながら、徐々に面積を拡げていく方法が適当と考えられます。森林除染の状況の一例を図 5.5 に示します。

除去した落葉等の堆積有機物については、放射性物質で汚染されていることから、除去物質の発生見込み量を計算し、仮置場を確保しておくことが必要です。仮置場が設置されるまでの間、住居から離れた森林内の隅等に一時的に仮置く場合は、土のう袋等に詰めてビニールシートで覆うなど除去物質が拡散しないよう対策を講ず

る必要があります。いま、現地における除去作業においては、仮置場・現場保管場の不足が除染作業のネックになっているようです。

(3) 立木の枝葉等の除去と伐採

　立木の枝葉、とくに、スギやヒノキ等の常緑針葉樹林において、落葉等の除去で十分な除染効果が得られない場合には、林縁部周辺について、立木の枝葉等の除去を行う必要があります。とくに、縁の濃い部分は、一般的に着葉量が多く、比較的多くの放射性物質が付着していると考えられることから、可能であれば、できるだけ高い位置まで枝葉を除去することが推奨されています。その場合、立木の成長を著しく損なわない範囲で行うことが望ましく、樹冠の長さの半分程度までを目安に枝葉の除去を行うことになります。

　住居の敷地等の放射線量をさらに低下させる必要がある場合には、立木の皆伐あるいは間伐を実施しなければならない場合もあります。なお、除去した枝葉や伐採木の処理については、落葉等の堆積有機物の除去と同じ取り扱いとなります。住居等の敷地の近隣に位置する森林の除染措置の方法や留意事項をまとめると表5.2のようになります。また、森林について各種の除染方法がありますが、それらの特徴を比較したのが表5.3です。これらの結果は、除染モデル事業によって得られたものであり、今後の除染作業に益するところが大きいと考えられます。表5.3のコスト評価や施工速度は、条件に

(a)　バキュウムによる落葉等の除去

(b)　人力による落葉等の除去

(c)　枝打ち

図5.5　森林除染の例[12]

5.2 森林の除染

表5.2 住居等の近隣に位置する森林の除染方法と留意事項 [28]

除染部位	除染方法	留意事項
落葉等の除去	林縁～20m程度の範囲で除去	・一度に広範囲を除去するのではなく、表土を流出させないよう徐々に範囲を広げて実施する。 ・常緑樹の場合は3、4年程度継続した除染が必要である。 ・落葉樹の場合は1回の除去で高い除染効果が期待できる。
枝葉等の除去と伐採	住居に接している枝葉の多い樹木について、できるだけ高い位置まで除去	・立木の成長を著しく損なわないように樹冠の長さの半分程度を目安にする。 ・落葉等の除去で充分な効果が得られない場合に実施する。 ・枝葉等の除去で効果がない場合には立木の伐採を検討する。

表5.3 森林の除染方法の特徴等 [12]

除染方法	落葉・腐植土層除去(平地)	落葉・腐植土層除去(傾斜地)	落葉・腐植土・表土の除去(平地)	樹木	
				樹幹洗浄	枝打ち
常緑樹の放射性物質の比率(8-9月時点)	44～84%			樹皮:1～3%	枝葉:14～53%
低減率[※1]	5～90%	5～90%	20～80%	30～85%	5～40%
除去物発生量	200～900袋/ha	200～900袋/ha	1000～2000袋/ha	少量	2,700袋/ha(減容化なし)
二次汚染	なし	なし	なし	飛沫による土壌浸透あり	
周辺環境への影響	傾斜地では土砂流出に要留意				林床に枝が落下
コスト評価	530円/m²	760円/m²	890円/m²	3,390円/本	580円/m²
施工スピード	510 m²/日	340 m²/日	220 m²/日	32本/日	150 m²/日
歩掛	11人/日	11人/日	5人/日	4人/日	4人/日
適用性 落葉樹	◎	◎	○	▲[※2]	—
適用性 常緑樹	○	○	○	▲[※2]	○

◎:総合的に効果が非常に高かったもの、○:総合的に効果が高かったもの、△:総合的に効果が中程度であったもの
▲:総合的に効果は限定的であったもの(これらの評価はモデル事業での実績に基づくものである)
※1:低減率:表面密度低減率の低減率。ただし、枝打ちは空間線量率(1m)の低減率を採用。
※2:公園等植林に対しては、人の手に触れる可能性があるため洗浄する効果はある。

よってかなり影響を受けると考えられます。あくまで一つの目安あるいは比較のための数値と考えた方が間違いないと思います。

5.2.3 森林除染に関する留意事項
(1) 除染エリアならびに除染方法の決定に関する留意事項
① 生活圏（森林との境界）の線量低減に寄与する範囲は、水平距離で10 m程度とされています。
② 常緑樹林では、新しい落ち葉層の下の腐植土層まで放射性物質が多く付着している傾向があり、下草刈りと新しい落葉層の除去に加えて腐植土層まで除去することにより除染効果が向上します。
③ 樹木の幹に対しては、粗皮が剥がれても生育に悪影響のない範囲で高圧水洗浄を行うことによって高い除染効果が得られます（例：夜の森公園ケヤキで低減率約80％）。
④ 山林等の傾斜地では、腐植土層をすべて除去すると、降雨による土砂流出と斜面崩壊の危険性が高まるので、腐植土層すべてを除去する必要がある場合は、しがら（樹脂ネット等）や土のう積み等の土砂流出防止対策を含めて検討する必要があります。

(2) 適用する除染方法に関する留意事項
① 常緑樹林、落葉樹林のいずれの場合も、落葉および腐植土層を除去することによって最も高い除染効果が得られます。また、山林等の傾斜地および竹林等、樹間が狭い場所ではバキューム車による吸引搬送が効率的です。
② 腐植土層の除去に先立ち、試験区域を設けて除去深度と除染効果の関係を調査し、除去深度を決定することが重要です。また、人力で行う区間は作業員の違いによる除去程度のバラツキを極力少なくするように事前に目合わせ等を実施することが必要です。

5.3 農地の除染

5.3.1 農地除染に関する基礎知識
(1) 農地除染の特徴
農地土壌中の放射性物質の濃度がわが国の農地に関する暫定規制値5,000 Bq/kg

5.3 農地の除染

(これを超えると作付け禁止となります)を超過する地域は、水田および畑地でそれぞれ約 6,300 ha および 2,000 ha に達すると推定されており、農地の除染技術の確立と除染事業が重要な課題となっています。農地については特有の課題が多々あります。とくに、除染後においても、作物を育てる農地としての役目を果たさなければなりません。そのため、除染方法の選択や施工に注意が必要です。また、放射性物質濃度の推定あるいは測定が必要になります。

農林水産省では、農地の放射性物質の除染技術を開発するために、他省庁等と連携して「農地除染実証工事」を実施してきました[29]。この実証工事において、実証された除染技術と得られた結果の概要を表5.4に示します。

実証工事の結果あるいはモデル事業等から得られた成果をまとめ、指針の形にしたのが「農地除染対策の技術書」[28]です。技術書の内容は、農地の除染を行ううえでの具体的な作業内容とその手順、実施上の留意点、施工管理の手法等の技術に関する事項をかなり詳細に取りまとめており、構成は次のようになっています。

① 第1編「調査・設計編」
② 第2編「施工編」
③ 第3編「積算編」
④ 第4編「参考資料編」

また、以上の4編の重要事故をまとめた形の「農地除染対策の技術書概要」が公開されています。農地の除染を行う場合には上記の参考資料が必見です。

(2) 農地除染の考え方と流れ

農地の除染に当たっては、周辺住民に与える放射線量を低減することに加えて、農業生産を再開できる条件を回復し、安全な農作物を提供できるように、土壌中の放射性物質の濃度を低減することが重要となります。また農地は、長年の営農活動を通じて醸成されてきたものであり、生態系の維持等の多様な側面を持っています。そのため、除染に当たっては、農地が有する食料生産機能を維持するため、作土層をできるだけ保全する配慮が必要となります。この点が校庭やグランド等の除染と大きく異なり、また、難しい点でもあります。

農地についてどのような除染方法を選択するかを検討する流れを図5.6に示します。また、実証工事の結果等を踏まえ、除染の方法が決まった後の除染作業の事前調査から最終調査までの流れを図5.7に示します。

(3) 農地における放射性物質の深さ方向の濃度分布

除染作業前の事前調査では、大半の農地において、放射性 Cs は、耕起していな

表 5.4　農地除染実証工事において実証した除染技術と結果の概要[29]

技術の項目	得られた結果の概要
表土の削り取り	
①　表土の削り取り 重機械や農業機械等で表土を薄く削り取る手法	・約 4 cm の削り取りにより土壌の放射性 Cs 濃度は 10,370 Bq/kg から 2,599 Bq/kg に低減(75%減) ・圃場地表面の空間線量率は 7.14 μSv/h から 3.39 μSv/h へ低減 ・廃棄土量は約 40 m^3(40 t)/10 a ・削り取りまでにかかる作業時間は 55～70 分/10 a
②　固化剤を用いた削り取り 土を固める薬剤により土壌表層を固化させて削り取る手法	・マグネシウム固化剤を用いた実証試験では、溶液の浸透により地表から 2 cm 程度の表層土壌が 7～10 日で固化 ・3 cm の削り取りで土壌の放射性 Cs 濃度は 96,16Bq/kg から 1,721 Bq/kg に低減(82%減) ・圃場地表面の空間線量率は 7.76 μSv/h から 3.57 μSv/h へ低減 ・廃棄土量は 30 m^3/10 a
③　芝・牧草の剥ぎ取り 農地の牧草や雑草ごと土を専用の機械で削り取る手法	・3 cm の削り取りで土壌の放射性 Cs 濃度は 13,600 Bq/kg から 327 Bq/kg に低減(低減率 97%) ・草も含む廃棄土量は約 40 t/10 a ・作業時間は剥ぎ取りまでで 250 分/10 a
水による土壌撹拌・除去	
表層土壌を撹拌(浅代かき)し、濁水を排水した後、水と土を分離し、土のみを排土する手法	・土壌の放射性 Cs 濃度の低下率は土壌の種類によって異なり、予備試験で約 30～70%と推定 ・飯舘村での実証試験では 16,052 Bq/kg から 9,859 Bq/kg に低減(低減率 39%) ・圃場内の地表面空間線量率は 7.50 μSv/h から 6.48 μSv/h に低減 ・10 a 当たりの廃棄土量は 1.2～1.5 t と推定 ・分離した水の放射性 Cs は検出限界以下
反転耕	
プラウ耕により 30 cm 以上の反転耕起を行い、放射性物質を土中深くに埋め込む手法	・30 cm の反転により表層に局在していた放射性物質は 15～20 cm の深さを中心に 0～30 cm の土中に拡散 ・圃場地方面の空間線量率は、不耕起で 0.66 μSv/h、通常のロータリー耕で 0.40 μSv/h に対してプラウ耕で 0.30 μSv/h ・作業時間は 30 分/10 a ・45 cm の反転では表土は 25～40 cm の土中に移動 ・60 cm の反転では表土は 40～60 cm の土中に移動(ただし、通常のトラクターでは施工不可) ※施工前に土壌診断、地下水位等の評価が必要
高吸収植物による除染	

5.3 農地の除染

```
除去効果等の予測
・利用できる除染方法
・除染による線量低減効果と除去物発生量の予測
・制約条件(仮置場容量、地権者の了解、農水省の指針等)
```

農地土壌除染技術の適用の考え方(農水省)を参考とした一例

- 耕作深 15 cm 平均の濃度が作付け基準値以下
  - Yes → 撹拌希釈
  - No → 耕作深 15 cm 平均の濃度が 10,000 Bq/kg 以下
    - Yes → 耕盤が深い位置にある
      - Yes → 反転耕(天地返し)
      - No → 表土剥ぎ取り
    - No → 表土剥ぎ取り

→ 除染方法の決定

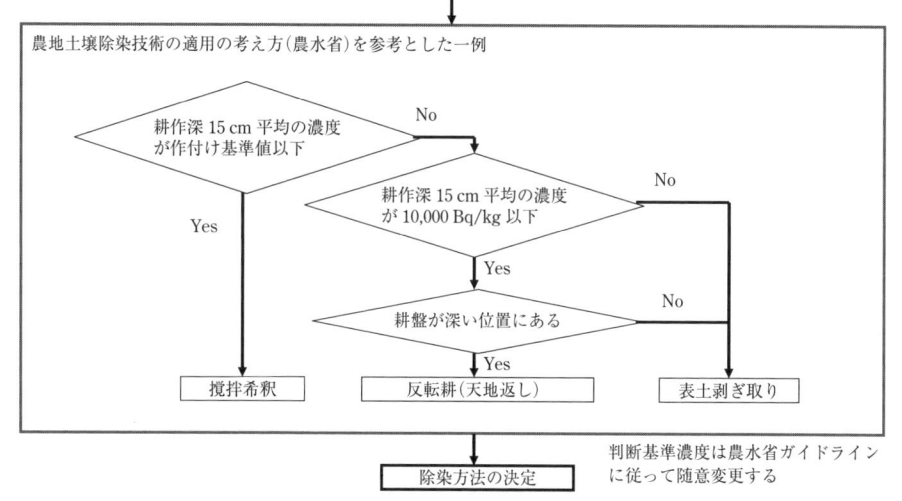

判断基準濃度は農水省ガイドラインに従って随意変更する

図 5.6　農地の除染技術の適用の考え方の例 [12)]

い農地では表面から 3 cm の深さに 90 % 程度が存在していることが確認されています。その一例を図 5.8 に示します。この例では、深さ 3 cm までの濃度は 35,010 Bq/kg であり、3〜18 cm での平均濃度は 1,100 Bq/kg 程度となっています。

放射性 Cs は農地の特定な粘土粒子と強く結合(固定)し、容易に水等に溶出しないことが知られています。したがって、ため池や用水等の水の放射性物質による汚染は、非常に軽微な結果が得られています。

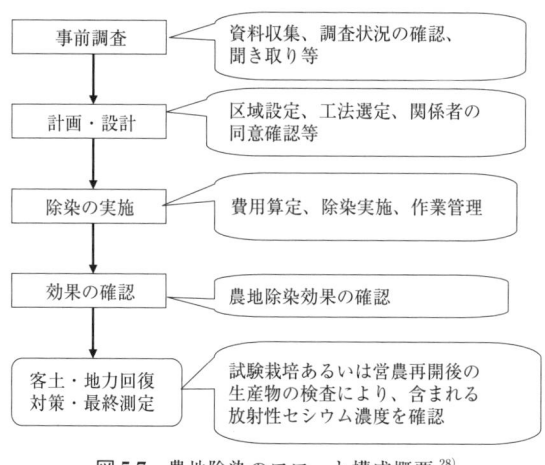

事前調査 → 資料収集、調査状況の確認、聞き取り等

計画・設計 → 区域設定、工法選定、関係者の同意確認等

除染の実施 → 費用算定、除染実施、作業管理

効果の確認 → 農地除染効果の確認

客土・地力回復対策・最終測定 → 試験栽培あるいは営農再開後の生産物の検査により、含まれる放射性セシウム濃度を確認

図 5.7　農地除染のフローと構成概要 [28)]

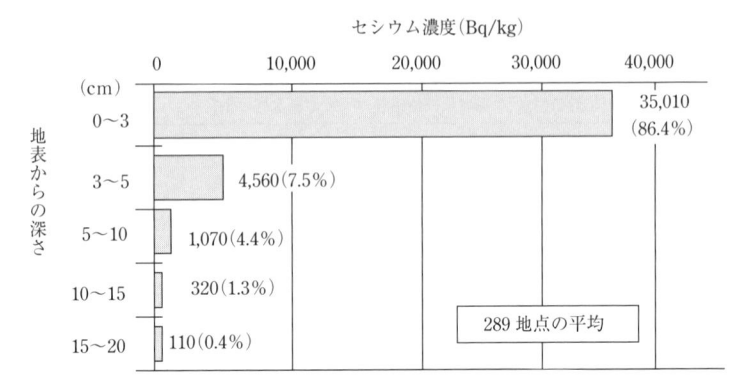

図 5.8　深度方向の放射性 Cs の濃度分 [28]

表 5.5　表層土壌の粒径別の放射性 Cs の濃度 [28]

試料深さ (cm)	粒径区分		組成 (％)	Bq/kg (各組成)	Bq/試料全体 (Bq/kg)	Bq 割合 (％)
0～2.5	粘土	～2 μm	4.8	179,100	8,600	12
	シルト	20～2 μm	29.6	106,300	31,500	42
	細砂	200～20 μm	45.2	66,600	30,100	40
	粗砂	2 mm～200 μm	20.4	22,200	4,500	6
	計		100		74,700	100

注）　0～2.5 cm の表層全体の放射性物質濃度は 74,700 Bq/kg（採土は 2011 年 6 月）

　土粒子の粒径区分と放射性 Cs 含有量との関係を表 5.5 に示します。粘土 1 kg 当たりの放射性セシウム含有量は 179,100 Bq なのに対して、細砂のそれは 22,200 Bq であり、約 8 倍となっています。放射性物質は粘土やシルト等の細かい土粒子に多く吸着し、容易には溶出しないことを表しています（第 1 章参照）。

5.3.2　農地の除染方法
（1）　除染方法の選定
　農林水産省は、5,000 Bq/kg 以上の汚染農地（水田 6,300 ha、畑 2,000 ha）について、除染を実施することによって、当面 5,000 Bq/kg 以下に下げることを目標としています。土壌中の放射性物質濃度に応じて、農地除染実証工事等の結果から求められた表 5.6 の工法適用の考え方を原則として、関係者の意向を考慮して除染方法を決定します。農地の除染に適用できる主要な方法は次の 3 種類に大別できます。

5.3 農地の除染

表 5.6 農地土壌への除染方法適用の考え方[28]

土壌の放射性セシウム濃度	畑		水田	
	地下水位		土壌診断・地下水位	
	低い場合(数値は検討)	高い場合(数値は検討)	低地土	低地土以外
～5,000 Bq/kg	農作物への移行を可能な限り低減する観点、また、空間線量率を下げる観点から、必要に応じて反転耕・移行低減栽培技術を適用			
5,000～10,000 Bq/kg	●表土削り取り ▲反転耕	●表土削り取り	●表土削り取り ●水による土壌撹拌・除去 ▲反転耕(耕盤が壊れる)	●表土削り取り ●水による土壌撹拌・除去(低地土より効果低) ▲反転耕(耕盤が壊れる)(地下水位が低い場合のみ適用)
10,000～25,000 Bq/kg	●表土削り取り		●表土削り取り	
25,000～	●表土削り取り 5 cm 以上の厚さで削り取り。ただし、高線量下での作業技術の検討が必要(例えば、土ぼこりの飛散防止のための固化剤の使用)		●表土削り取り 5 cm 以上の厚さで削り取り。ただし、高線量下での作業技術の検討が必要(例えば、土ぼこり飛散防止のための固化剤の使用)	

注) ●は廃棄土壌が出る手法、▲でない手法、数値については農林水産技術会議で検討中。

① 表土削り取り
② 反転耕
③ 水による土壌撹拌・除去

表 4.6 からもわかるように、地表から深さ 0～15 cm の農地の放射性 Cs の汚染レベル(平均濃度)を次のように 4 つに区分し、各々について除染方法(技術)を適用する原則を示しています。

① 5,000 Bq/kg 以下：耕作可(必要に応じて反転耕等)
② 5,000～10,000 Bq/kg：水による土壌撹拌・除去、表土削り取り、反転耕から選択
③ 10,000～25,000 Bq/kg：表土削り取り
④ 25,000 Bq/kg 以上：表土を土壌固化剤で固化した後で削り取り

以下、農地の除染に用いられる方法として、表土削り取り、反転耕および水による土壌攪拌・除去について概要を紹介します。

5.3.3 表土削り取り
(1) 表土削り取りの特徴
表土削り取りの手順は図 5.9 のようになります。この工法は最もよく採用される工法で、次のような特徴を持っています。

① 表土削り取りは、表層付近に高濃度に集積している放射性 Cs を、バックホウやトラクター等の機械を用いて表土と共に削り取る工法です。放射性 Cs が地表に降下後に耕起されていない農地に適しています。

② 本工法は、除染の確実性は高いですが、大量の除去土壌が発生します。また、作土層を保全し、除染後の作物生産への影響を最小限にするためにも、可能な限り少ない削り取り量で除染効果を達成することが肝要です。

③ 施工時の削り取り厚さの管理が重要ですから、畝等（地表面の凹凸）をローラー等を用いて整正作業を行うことによって、施工管理を容易にし、過剰な削り取りを行わないようにすることが必要な場合もあります。

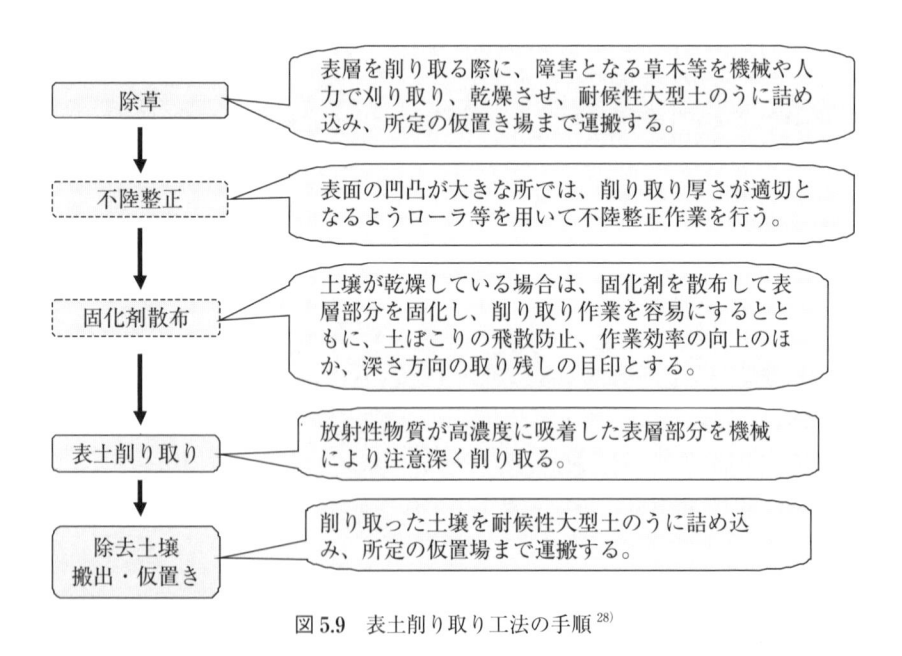

```
[除草]
  ↓  表層を削り取る際に、障害となる草木等を機械や人
      力で刈り取り、乾燥させ、耐候性大型土のうに詰め
      込み、所定の仮置き場まで運搬する。

[不陸整正]
  ↓  表面の凹凸が大きな所では、削り取り厚さが適切と
      なるようローラ等を用いて不陸整正作業を行う。

[固化剤散布]
  ↓  土壌が乾燥している場合は、固化剤を散布して表
      層部分を固化し、削り取り作業を容易にするとと
      もに、土ぼこりの飛散防止、作業効率の向上のほ
      か、深さ方向の取り残しの目印とする。

[表土削り取り]
  ↓  放射性物質が高濃度に吸着した表層部分を機械
      により注意深く削り取る。

[除去土壌
 搬出・仮置き]  削り取った土壌を耐候性大型土のうに詰め込
                み、所定の仮置場まで運搬する。
```

図 5.9 表土削り取り工法の手順[28]

(2) 削り取り厚さ

表土削り取りの厚さ(設計削り取り厚さ)は、土壌中の放射性 Cs の濃度や関係者の意向を考慮して決定します。ここで、設計削り取り厚さとは最低削り取り厚さを指します。表土削り取り厚さの決定に際しては、以下の点に留意する必要があります。例えば、水田について設計削り取り厚さを 3 cm とした場合、削り取り機械で追従できない小さな起伏に対しては、凹凸の表面のうち高さの低い底部を基面として、そこから最低 3 cm だけ削り取るようにします。畑における大きな畝等、削り取り機械で追従できる大きな起伏に対しては、圃場の表面を基面とし、最低 3 cm 削り取るようにします。

一方、3 cm 未満を最低削り取り厚さとすることは、施工上では難しいことです。実証工事の例では、最低削り取り厚さ 3 cm の削り取りによって、作土層の放射性物質濃度は、平均 8,420 Bq/kg 程度から、1,110 Bq/kg 程度に低減(約 9 割低減)しています。また、空間線量率は平均 4.19 μSv/h が 1.06 μSv/h に低減しています。

(3) 工法の種類と選択

これまでの試験施工や実証工事では、表土の削り取りについて、以下の施工法(施工機械)の適用性が実証されています。

① バックホウによる削り取り
② ワイパーによる削り取り
③ ロータリーカッターによる削り取り
④ ターフストリッパーによる削り取り
⑤ スキマーによる削り取り

除染に当たっては、各工法の特徴を踏まえ、工事実施の時期、現場条件、機械の利用状況等を勘案して工法を選択します。よく適用されるバックホウによる表土剥ぎ取りは、土木施工用機械であり、汎用性が広いことが特徴です。ただ、バックホウ(平爪付)だけでは、薄層を精度良く剥ぎ取ることが困難です。表土剥ぎ取り厚さと低減率・除去土壌量の関係を表 5.7 に、表土削り取りの手順を図 5.10 に、表土削り取りの施工状況の例を図 5.11 に示します。

表 5.7 表土剥ぎ取り厚さと低減率

放射性 Cs 濃度の低減率		除去土量の増加	
3 cm 削り取り	5 cm 削り取り	3 cm 削り取り	5 cm 削り取り
86.4%	93.9%	1	1.4〜1.6 倍程度

| バックホウ削り取り | 土の集積、大型土のう詰め込み |
| 大型土のうの場内小運搬・仮置き | 土の集積、大型土のう積み込み |

図 5.10　表土削り取りの手順の例[28]

(4)　固化剤散布による表土削り取り

　土壌が乾燥している場合は、表土削り取りに先立ち、固化剤を散布して土壌の表層部分を固化させ、表土を削り取りやすくするとともに、削り取りにおける土埃の飛散防止、ならびに表土の平面方向・深さ方向の取り残しの目印とすることで、作業効率の向上を図ることを目的とする手法です。

　固化剤を用いた表土削り取りでは、削

(a)　モータグレダーによる表土削り取り

り取り土壌の減容化、固化剤によるマーキング効果(削り残しの目視確認が可能)、表土固化に伴う土壌の飛散抑制の効果が期待できます。湛水状態や冬季の低温環境下では固化剤が固化しないため、適用条件を満たす範囲で適用することが重要となります。また、固化土壌分離回収機は、水分の多い土壌では回収コンベアが固着し、回収不良となるため、土壌に応じた回収方法を選択することが重要です。施工の状況の例を図5.12に示します。

(5) 薄層表土削り取り

薄層表土剥ぎ取りを適用する場合、次のような点に留意する必要があります。

① 1回の剥ぎ取り可能厚さが1cm以下と浅いため、事前の走行回数と剥ぎ取り厚さおよび除去率の関係を把握し、施工方法を決定することが重要です。

② 薄層で表土を剥ぎ取るため、除去物発生量を低減できます。

(b) 重機と人力による表土削り取り

(c) 薄層表土剥ぎ取り機(ハンマーナイフ・モア)による表土削り取り

図5.11 グレダー等による表土削り取りの例[12]

(a) 固化剤散布

(b) 固化土壌分離回収機

図5.12 固化剤散布(吹き付け)による表土の除去の例[12]

表5.8　表土剥ぎ取り工法の比較 [12)]

除染方法	薄層土壌剥ぎ取り機（ハンマーナイフ）	バックホウ（5 cm 剥ぎ取り）	表面固化剤散布	
			分離改修機	バックホウ剥ぎ取り回収
低減率	70％程度	65～95％	80％程度	80％程度
除去物発生量（余掘り率）	余掘りなし	5 cm 以下の薄層削り取りは困難	余掘り少ない	余掘り少ない
二次汚染	なし	なし	なし	なし
施工速度	700 m^2/日	700 m^2/日	300 m^2/日	300 m^2/日
適用条件	・凍土は剥ぎ取り不可	・地耐力のある締まった圃場 ・重機搬入時畦畔を壊すことがある	・乾燥した圃場 ・湛水した圃場および氷点下以下では固化しない	・地耐力のある締まった圃場 ・湛水した圃場および表点下以下では固化しない
適用性	◎	○	○	○

◎：強く推奨　○：推奨　△：目標除染率により推奨　▲：推奨できない

③　薄層の剥ぎ取りのため、地表に凹凸があると凹部は剥ぎ取りが残るため、剥ぎ取り残しの箇所を調査し、その部分は人力で剥ぎ取りを行う必要があります。

農地の除染における削り取り方法には各種のものがあります。方法の特徴と比較を表5.8に示します。

5.3.4　反 転 耕
(1)　工法の特徴と手順

反転耕は、トラクターに取り付けたプラウにより土壌中の濃度が高い表層と濃度が低い下層土を反転させ、放射性物質をその場の地中に隔離する手法です。反転耕の手順を図5.13に示します。また、反転耕の施工状況の一例を図5.14に示します。

反転耕によって、濃度の高い作土層を、二段プラウ反転耕よって濃度の低い土壌に置き換

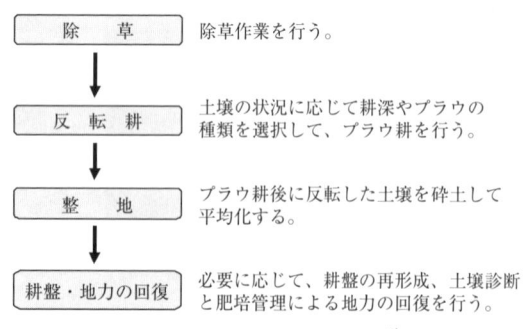

```
┌─────────┐
│  除　草  │ → 除草作業を行う。
└─────────┘
     ↓
┌─────────┐   土壌の状況に応じて耕深やプラウの
│  反 転 耕 │ → 種類を選択して、プラウ耕を行う。
└─────────┘
     ↓
┌─────────┐   プラウ耕後に反転した土壌を砕土して
│  整　地  │ → 平均化する。
└─────────┘
     ↓
┌─────────────┐   必要に応じて、耕盤の再形成、土壌診断
│ 耕盤・地力の回復 │ → と肥培管理による地力の回復を行う。
└─────────────┘
```

図5.13　反転耕工法の手順 [12)]

5.3 農地の除染

二段耕プラウによる反転耕の状況　　　　　反転後の整地作業

図 5.14　反転耕の施工状況の概要例[12]

えることによって、濃度の高い土壌が、濃度の低い土壌に覆われることにより、覆土と同様の遮蔽効果が発揮されます。放射性物質を地中に隔離する方法であるため、廃棄土壌が生じないという利点があります。しかし、工事後に、反転深さ以上に耕起すると放射性物質が再露出する可能性があります。

　反転耕は1回に限って適用できる技術であり、表土削り取り後の補助工法としても有効です。プラウは、土壌の状況、反転深さを考慮し、表土を必要な深さに反転できる能力を有する機種を選定する必要があります。実証工事では、プラウ耕で表層部は表層から 0〜31 cm（傾斜角度 43°）に反転され、プラウ二段耕では表層部は表層から 16〜26 cm（傾斜角度 10°）に反転されることが確認されています（いずれも平均値）。

(2) 施工方法の選択

　放射線遮蔽効果をできるだけ発揮させることや、営農再開後の耕起の際に放射性物質が再露出しないようにするためには、反転深さはできるだけ深くするべきです。耕深 30 cm で二段耕プラウやジョインター付きプラウを使用する場合の適応トラクターは、65 馬力が必要です。土壌の比重が軽い畑では、深耕ができる二段耕プラウ等を用い、耕深は 45 cm 程度とします。二段耕プラウは表層土をより下層に落とし込む効果があります。

(3) 反転耕の適用条件

　反転耕は、地下水位、下層土壌、区画形状等の条件を踏まえて適用します。適用条件としては、次のような場合が考えられます。

① 平成 23 年 3 月以降に耕運を実施していない水田および畑、もしくはロータリー等で耕深が 10 cm 程度までと比較的浅く耕運した圃場。

② 地下水位が、耕深より下方の畑（水田では地下水位の制限は設けない）。
③ 反転耕によって表層に上がってくる土壌、すなわちプラウの耕深（60～80馬力の中型トラクターを用いる場合は水田では30 cm、畑では45 cm）までの土層に、作物を栽培するのに不適な礫層等が存在しないこと。
④ 60～80馬力の中型トラクターを用いる場合は、圃場に面した道路および進入道路の幅員が2.5 m以上で、水田

図5.15　天地返しのための表土5 cm削り取りの例[12]

の形状は短辺長20 m以上、長辺長30 m以上で長方形や台形であることが望ましいとされています。

　天地返しのための表層の削り取りの状況の例を図5.15に示します。また、反転耕と天地返しの比較を表5.9に示します。

表5.9　反転耕と天地返しの比較[12]

除染方法	反転耕 （トラクター＋プラウ）	天地返し （バックホウ）
低減率	65～80%	約65%
除去物発生量	なし	なし
二次汚染	なし	なし
周辺環境への影響	なし	なし
施工速度	1,000 m²/日	300 m²/日
適用性	◎	◎

◎：強く推奨　　○：推奨　　△：目標除染率により推奨
▲：推奨できない

5.3.5　水による土壌撹拌・除去
（1）工法の特徴と手順
　本工法は、安全な用水を圃場に導水し、代かきに準じて農業用機械で表層土壌を撹拌（浅代かき）した後、放射性物質を多量に含有する土壌中の粘土を主体とする細粒子を含んだ濁水を排水する方法です。圃場の粘土含有量によって効果に差があり、

5.3 農地の除染

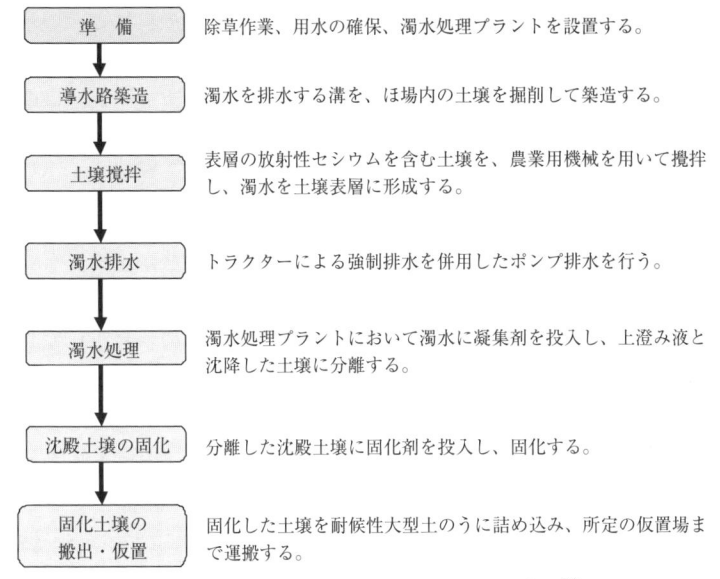

準備	除草作業、用水の確保、濁水処理プラントを設置する。
↓	
導水路築造	濁水を排水する溝を、ほ場内の土壌を掘削して築造する。
↓	
土壌撹拌	表層の放射性セシウムを含む土壌を、農業用機械を用いて撹拌し、濁水を土壌表層に形成する。
↓	
濁水排水	トラクターによる強制排水を併用したポンプ排水を行う。
↓	
濁水処理	濁水処理プラントにおいて濁水に凝集剤を投入し、上澄み液と沈降した土壌に分離する。
↓	
沈殿土壌の固化	分離した沈殿土壌に固化剤を投入し、固化する。
↓	
固化土壌の搬出・仮置	固化した土壌を耐候性大型土のうに詰め込み、所定の仮置場まで運搬する。

図5.16 水による土壌撹拌・除去工法の手順[28]

粘土含量の高い水田で効果があります。この工法の流れの概略を図5.16に、作業の状況の例を図5.17に示します。

本工法は、表土削り取りと比較すると除染率が低いのですが、次のような特徴を持っています。

① 表土削り取りに比べて除去土量を大幅に減少させるができます。
② 除染効果を上げるために繰り返し複数回実施することが可能です。
③ 表土が耕起もしくは撹乱されている農地や作土層が浅い農地等、他の工法を適用できない農地でも実施できます。

図5.17 耕起とドライブハローによる土壌撹拌状況の例（浅い代かき）[12]

(2) 濁水の排水と処理

取り除かれた細粒子を主体とした土壌は、高濃度の放射性Csを含むため、取り扱いには十分な注意が必要です。また、濁水を扱う際に、放射性Csが水田から流出する可能性もあることに留意し、下流側に十分に配慮を行ったうえで排水します。

本工法は、土壌中の粘土分の含有量および排除した土砂の粒度とその量によって除去率が大きく異なってきます。導水路を築造し、土壌攪拌→濁水排水→濁水処理→沈殿土壌の固化という流れは、実証工事において新しく実施された試験のひとつです。

5.3.6 農地除染の留意事項

以上に述べてきたように、農地の除染方法にも各種の手法が適用できますが、実際の農地除染に当たっては、除染方法の選定において次のような事項に留意する必要があります。最後に、農地除染方法の特徴をまとめてその特徴を比較したのが表5.10 です。

① 深度方向の放射性物質の濃度分布および耕盤の深度を調査したうえで、表土剥ぎ取り、反転耕、天地返しのいずれを適用するかを決定することが重要です。
② 表層～深さ約5 cmに80％以上の放射性物質が付着・残留している傾向があります。表土の剥ぎ取りの剥ぎ取り深さは、作深（水田：15 cm、畑：30 cm）間の放射性物質濃度が作付け基準を下回るように決定します。
③ 土木施工機械であるバックホウ（平爪付）だけでは5 cm以下の薄層を精度良く剥ぎ取ることは困難ですので、必要剥ぎ取り厚さが5 cm以下の場合は薄層

表5.10 農地の除染方法の特徴比較 [12]

除染方法	薄層土壌剥ぎ取り機（ハンマーナイフ）	バックホウ（5 cm剥ぎ取り）	表面固化剤散布		反転耕（トラクタ＋プラウ）	天地返し（バックホウ）
			分離回収機	バックホウ剥ぎ取り回収		
空間線量率（1 m）低減率	35％程度	20～70％	—	40～75％	30～60％	65％程度
除去物発生量	300 袋/ha	300～800 袋/ha	300～800 袋/ha		なし	なし
二次汚染	なし	なし	なし		なし	なし
コスト評価	690 円/m²	560 円/m²	880 円/m²		33 円/m²	310 円/m²
施工スピード	550 m²/日	1,300 m²/日	290 m²/日（固化剤散布：2,870 m²/日　土壌回収：410 m²/日）		1,340 m²/日	120 m²/日
歩掛	7 人/日	15 人/日	6 人/日		1.2 人/日	1.2 人/日
適用性	◎	○	—*		◎	○

* 実施時期が適していなかった（冬季に実施した）ことから評価対象としない。

剥ぎ取り工法を適用します。
④ 固化表土の分離回収機は、水分の多い土壌では回収コンベアで土壌が固着し回収不良となることを考慮して回収方法を選択することが必要です。
⑤ 薄層表土剥ぎ取り機の1回の剥ぎ取り可能厚さは1cm以下と浅いため、事前に走行回数と剥ぎ取り厚さおよび除染率の関係を把握し、施工方法を決定します。
⑥ 固化剤散布については、湛水状態の圃場および冬期の低温環境下のほ場では固化剤が固まらないため、条件を満たす範囲で適用します。

5.4 宅地・建物の除染

　宅地や建物(工作物)の形態には種々のものがあるので、それの除染は非常に手の込んだ除染作業が必要になります。大型構造物(大型建物)としては、工場、学校、公民館等の施設が対象となります。これらの中には、屋上・屋根、側壁、樋、庭土、コンクリートのたたき、グランド、庭木、庭砂利等々、除染の対象となる箇所が多く、非常に厄介な場所や部分もあります。また、住宅地域あるいは生活圏等、広い地域の面的な除染の効果に建物・宅地の除染状態が大きく影響してきます。除染モデル事業の対象となった11市町村18地区の中で、建物・宅地を除染対象として含んでいるのは17地区となっています。
　建物[大型構造物、住宅(家屋)]の除染は、生活圏における空間線量の低減に向けて欠かせないものです。放射性物質を吸着した土埃等が大型構造物および住宅に付着し、雨水が滞留する箇所(雨樋、雨だれ部等)に放射性物質が多く残留しています。壁に付着している放射性物質の量は屋根や地面に比べ10分の1程度です。
　生活空間線量の低減を図るには、建物の構成要素(屋上、屋根、壁等)の材質や汚染面の状態に応じて最適な除染手法を選択することが重要です。震災および津波による影響を受けた建物に対しては、高圧水洗浄による雨漏りやひび割れの発生・拡大の恐れ等のために、除染方法が限定されることに留意する必要があります。
　除染方法の選定は、建物に使われている材料の材質および材料の劣化の程度(面の状態)等を勘案して図5.18の流れに沿って選定します。

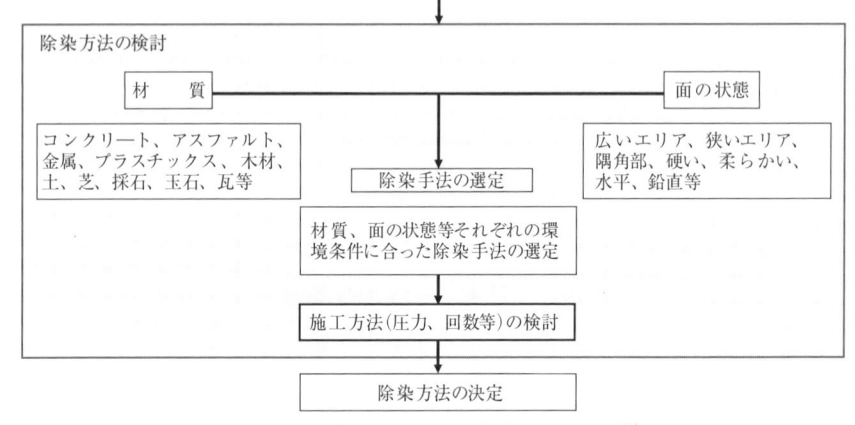

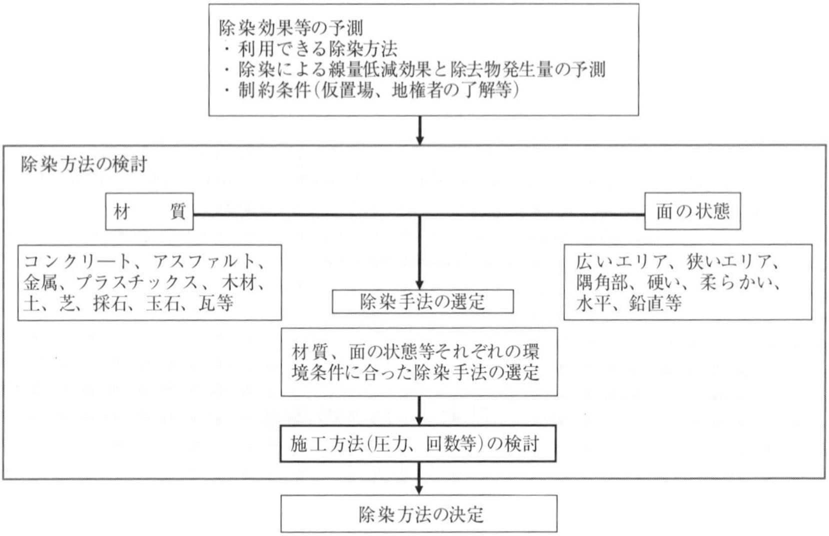

図 5.18 建物・宅地の除染方法選定の流れ [12]

5.4.1 大型構造物の除染

(1) 屋上の除染

大型構造物の屋上の除染については、除染モデル事業等の結果から、次のようなことが明らかにされています。

① コンクリート(防水加工付)および軽量コンクリートの屋上の除染は高圧水洗浄が効果的であること

② コンクリートおよびモルタルの屋上の除染では、高圧水洗浄(約 10 MPa)を実

(a) 中型超高圧水洗浄機 　　　　　　(b) ワイヤーブラシ

図 5.19 大型構造物の屋上の除染作業状況の例

施した場合、高圧水洗浄にブラッシングを加えた場合、ナノバブル洗浄、過酸化水素水等、特殊溶液を活用した場合のいずれにおいても、効果的とはいえず効果は限定的であること

大型構造物の屋上の除染作業状況の一例を図5.19に示します。

(2) 壁の除染

壁への放射性物質の付着状況は、たたきや床に比べて汚染密度が低い傾向にあります。一方、雨だれ等の状況によっては非常に汚染している壁も認められます。壁の除染状況の例を図5.20に示します。

(a) ブラシ掛け　　　　　　　　(b) 拭き取り

図5.20　壁の除染実施状況の例[12]

(3) コンクリート・モルタル面の除染

コンクリートのたたき等に対しては、高圧水洗浄はあまり効果的ではなく集塵サンダーによる表面切削が効果的です。なお、高圧洗浄水については、金ブラシ等、他の手法を併用してもその効果は変わりませんでした。集塵サンダーは、集塵機能付きのコンクリートかんなのことで、コンクリート面の切削を行います。高線量地域では集塵機にHEPAフィルターを装備し、吸着させることにより拡散を防止します。

また、ショットブラストとは、ショットブラストにより、コンクリートを切削し、切削屑はバキューム吸引により回収し、研削材(鉄球)は磁石により回収します。図5.21にコンクリート・モルタル面の初戦状況の例を示します。

(4) 大型構造物に関する除染方法の特徴と比較

大型構造物の多くは、材料としてコンクリートやモルタルが使われています。高

(a) 集塵サンダー 　　　　　　　　(b) ショットブラスト

図 5.21　コンクリート・モルタル面（たたき等）の除染状況の例 [12]

圧水洗浄（圧力 10～20 MPa）を行う際には、洗浄を上流から下流へと順次実施し、飛沫による二次汚染に留意するとともに、洗浄水については集水して必要に応じて水処理を実施します。集塵サンダー、ショットブラスト、超高圧水洗浄等の表面を薄削する除染方法については、圧力、速度、回数等の条件について事前に試験等を行い、最適条件を確認しておくことが効率的に除染を行ううえで有効です。

屋上と縦樋の除染方法の比較を表 5.11 に示します。高圧水洗浄（圧力 10～20 MPa）を行う際には、前項で述べた点に留意するとともに、屋上の防水施工の保護の観点から、洗浄圧力を決定することが重要です。縦樋については、配管内部を洗浄することのできる専用機材を用いて高圧水洗浄を行い、樋の端末部で洗浄水を

表 5.11　屋上の除染方法の特徴比較 [12]

除染方法	屋上（コンクリート）	屋上（防水シート）	縦とい
	高圧水洗浄 （ブラッシング等含む）	高圧水洗浄 （ブラッシング等含む）	高圧水洗浄 （最大 50 MPa）
低減率	30～70% （回数による）	10～80% 程度 （圧力、回数による）	10～70% （圧力、回数による）
除去物発生量	ほとんどなし	ほとんどなし	ほとんどなし
二次汚染	飛沫が土壌に浸透あり	流末回収あり	流末回収あり
コスト評価	340 円/m²	250 円/m²	860 円/m²
施工スピード	170 m²/日	180 m²/日	110 m/日
歩掛	2 人/日	1.3 人/日	3 人/日
適用性	○	○	○

表5.12 コンクリート・モルタル面の除染方法の特徴比較[12]

除染方法	集塵サンダー (コンクリートかんな)	超高圧水洗浄 (150 Mpa以上)	高圧水洗浄 (10〜20 Mpa)	ショットブラスト
低減率	60〜80% (回数による)	80%程度 (圧力、回数による)	20〜70% (圧力、回数による)	90%程度(投射密度、回数による)
除去物発生量	ほとんどなし	30袋/ha	ほとんど無し	30袋/ha
二次汚染	ダスト吸引回収多少あり	洗浄水吸引回収ほとんどなし	流末処理多少あり	ダスト吸引回収多少あり
コスト評価	1,940円/m^2	1,150円/m^2	960円/m^2	570円/m^2(中型)
施工スピード	80 m^2/日	330 m^2/日	100 m^2/日	540 m^2/日(中型) 850 m^2/日(大型)
歩掛	7人/日	4人/日	2人/日	5人/日
適用性	△	○	○	○

回収します。縦樋の洗浄効果を確認する場合は、配管内部の汚染状況を確認できる測定器を用います。表5.12にコンクリートおよびモルタル面の除染に適用される各種手法の特徴をまとめ、それらの特徴を比較しました。

(5) 大型構造物の除染に関する留意事項

大型構造物の除染方法の決定に関する留意事項として以下のことを挙げることができます。

① 大型建物に付着した土埃等が、雨水の滞留箇所(雨樋、雨だれ部)に集まり、放射性物質が多量に残留します。逆に、雨水が滞留しない場所には、残留は比較的少なくなっています。
② 防水加工したコンクリートの屋上は高圧水洗浄が効果的です。
③ モルタルの屋上は、高圧水洗浄(圧力10〜20 MPa)とワイヤーブラシによるブラッシングを組み合わせることで50%程度の低減率が得られます。
④ 壁では、いずれの材質(スチール、ブリキ、ガラス、木)に対しても、拭き取り、高圧水洗浄で効果に大きな差はありません。作業性の観点からすると、周囲に洗浄水を飛散させない、拭き取りによる除染が有効と考えられます。

適用する除染方法に関する留意事項を以下に示します。

① 高圧水洗浄の場合は、噴射口とコンクリート面との離隔を20 cm以下に保つように指導・管理することが重要です。
② 高圧水洗浄の場合は、洗浄水ならびに飛沫が土壌に浸透しないように、飛散

した水が土中に浸透しないような措置を施す必要があります。
③ 超高圧水洗浄は水圧と回数により、また、ショットブラストは投射密度と回数により、低減率が変化するので事前に効果を確認し仕様を決めておきます。

5.4.2 住宅等の家屋の除染

家屋(住宅)と宅地の除染は、家屋の各部分や庭土・植木あるいはコンクリートのたたき等、細部にわたる除染が多く、かなり厄介だと言われています。また、住宅地域の除染等の広い地域の面的な除染の効果に、宅地や家屋の除染状態が大きく影響することはもちろんです。

表5.13 宅地・家屋の部位による汚染状況[12]

		A市町村 ($2\mu Sv/h$程度)	B市町村 ($9\mu Sv/h$程度)
建物	屋根	5,000 cpm	7,800 cpm
	壁	700	2,300
	雨樋	3,700	11,000
屋外	庭土	3,900	9,100
	舗装	4,400	12,000

表5.14 宅地・家屋に適用できる除染方法

	除去方法
洗浄	高圧水洗浄、ブラシ掛け等
除去	拭き取り、表土剥ぎ取り、剥離剤の利用等
切削	切削機、超高圧水洗浄等

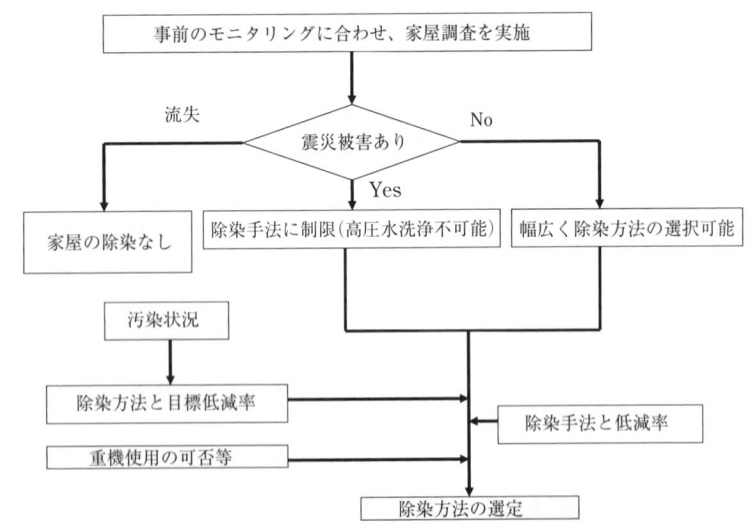

図5.22 家屋・宅地の除染方法を選定する場合の流れ[12]

(1) 家屋・宅地の除染方法の選定

家屋の部位による汚染状況を表5.13に示します。壁を除いた屋根や舗装面の汚染状態には大きな差はないようです。これらの箇所に適用できる除染方法を表5.14に示します。汚染の状況を考慮しての除染方法の選定の流れを図5.22に示します。

(2) 家屋の屋根や樋の除染

家屋(住宅)の屋根は、大気中に拡散した放射性物質が降下・沈着する場所であり、汚染の高い場所です。家屋の屋根の除染状況の例を図5.23に示します。

(a) 高圧水洗浄　　　　　　　　　(b) ブラシ掛け

図5.23　屋根の除染実施状況の例[12]

(3) 宅地の除染

宅地の除染のうち、庭の表土剥ぎ取り、砕石除去については、事前に決定した剥ぎ取り厚さを確実に除去できるように、作業員間で事前に剥ぎ取り厚さの目合わせ等を行い、統一を図ることが必要です。また、砕石の汚染状況によっては、洗浄し再使用することにより、除去物量を低減することも考慮する必要があります。図5.24は宅地の除染実施状況の一例です。家屋と宅地の除染方法の特徴をまとめ比較したのが表5.15です。

芝生については、地表から2〜5cmまで(サッチ層またはルートマット層まで)剥ぎ取れるソッドカッター等を使用することにより、作業の効率化、剥ぎ取り後の芝生の再生等が期待できる。庭木の剪定については、むやみに剪定せずに、汚染状況を考慮したうえで専門の庭師等と協議し、剪定範囲を決定するようにします。また、庭木の下部については腐植土、表土の除去のため、作業空間を確保する必要があり、可能であれば重点的に剪定する必要があります。

インターロッキングの高圧水洗浄については、インターロッキングの隙間に介在する苔や土砂等は、高圧水洗浄により除去できますが、これらを含んだ洗浄水の拡散による汚染の拡大防止措置が必要です。インターロッキングの隙間に浸透した洗浄水の回収は困難であるため、回収型高圧水洗浄機等の採用が推奨されます。

(a) 庭草・コケの除去、表土剥ぎ取り　　(b) 宅地のホットスポット

図 5.24　宅地の除染実施状況の例

表 5.15(a)　宅地の除染方法の特徴比較 [12]

除染方法		屋根除染			
		高圧水洗浄	ブラシ掛け	拭き取り	剥離剤塗布
低減率	焼付鉄板	—	10%程度	10%程度	0〜16%
	塗装鉄板	—	30%程度	5%程度	15〜18%
	粘土瓦	0〜74%	50%程度	0〜77%	1〜53%
	セメント瓦	30%程度	5%程度	0〜3%	32〜33%
	スレート	22〜32%	0〜64%	10〜24%	23〜49%
除去物発生量		ほとんどなし	ほとんどなし	多少(ウエス)	多少(剥離剤)
二次汚染		飛沫が土壌に浸透あり	流末で水回収ほとんどなし	なし	なし
コスト評価		ブラシ掛けよりコスト高	1,090 円/m^2	ブラシ掛けよりコスト高	ブラシ掛けよりコスト高
施工スピード		ブラシ掛けより早い	140 m^2/日	ブラシ掛けより遅い	ブラシ掛けより遅い(10 m^2/日)(養生で1〜3日必要)
歩掛		—	7人/日	—	—
適用性		▲	○	○	▲

表5.15(b) 宅地の除染方法の特徴比較[12]

除染方法	雨樋		壁面
	高圧水洗浄	拭き取り	ブラッシング
低減率	60％程度	30〜90％	20〜30％
除去物発生量	少量	少量	なし
二次汚染	飛沫が土壌に浸透あり	流末で水回収(ほとんどなし)	ほとんどなし
コスト評価	1,230 円/m	1,100 円/m	100 円/m^2
施工スピード	160 m/日	140 m/日	640 m^2/日
歩掛	8人/日	6人/日	5人/日
適用性	△	○	○

表5.15(c) 宅地の除染方法の特徴比較[12]

除染方法	表土剥ぎ取り	砕石洗浄	砕石除去
低減率	10〜90％	60〜95％	20〜95％
除去物発生量	200〜400袋/ha（2〜3cm）	少量	200-400袋/ha
二次汚染	なし	なし	なし
コスト評価	590 円/m^2	930 円/m^2	820 円/m^2
施工スピード	530 m^2/日	210 m^2/日（厚さ約10cm）	230 m^2/日
歩掛	8人/日	12人/日	7人/日
適用性	○	○	○
除染方法	芝生除去(試験実施)	庭木剪定	インターロック(高圧洗浄)
低減率	80％程度	0〜20％	30〜80％
除去物発生量	200-500袋/ha	300袋/ha	なし
二次汚染	なし	なし	洗浄水の飛散あり
コスト評価	1,500 円/m^2	740 円/m^2	1320 円/m^2
施工スピード	100 m^2/日	240 m^2/日	140 m^2/日
歩掛	6人/日	9人/日	9人/日
適用性	○	▲	△

5.5　グラウンドの除染

5.5.1　グラウンドの除染に関する基礎事項
(1)　グラウンドにおける放射性物質の付着状況
　グラウンドや公園での放射性物質の付着・残留の調査によると、ほとんどの地点（37～40地点）において、表面から深度3～5cm程度の範囲に90%以上が付着していることが確認されています。深い場所でも深度8cmまでに90%の放射性物質が付着しています。
(2)　グラウンド除染の基本
　グラウンドの除染を効率的に行うためには、放射線量への寄与の大きい比較的高い濃度の場所を中心に除染を実施します。それでも除染効果が見られない場合は、表面の被覆（覆土）あるいは削り取り等を行います。グラウンドや校庭あるいは公園等、農地以外の土壌汚染で多く適用されている除染の方法は次の3つです。
　① 表土の削り取り
　② 被覆（覆土）
　③ 天地返し（上下層の土の入れ替え、覆土の一種と考えてもよいでしょう）

　グラウンド等については、除染の各段階で、1mの高さ（学校の校庭等については、幼児・低学年児童等の生活空間を配慮し測定点から50cmの高さ。中学校以上では1mの高さ）での空間線量率が$0.23\mu Sv/h$を下回っていれば、それ以上の除染は原則として行わなくてもよいことになっています。

　また、除染作業を行う際には、作業者と公衆の安全を確保するために必要な措置をとるとともに、除染に伴う飛散、流出等による汚染の拡大を防ぐための措置を講じて、作業区域外への汚染の持ち出し、外部からの汚染の持ち込み、除染した区域の再汚染をできるだけ低く抑えることが必要です。このうち、作業者の安全確保に必要な措置については、厚生労働省の「除染等業務に従事する労働者の放射線障害防止のためのガイドライン」[23]を参照してください。

(3)　グラウンドの除染方法の選定
　グラウンドや公園など比較的広い面の除染方法を選定する流れは、グラウンド等の表面の材質および表面の使用状態等を考慮し、図5.25に示すような流れで除染の方法を選定します。

5.5 グラウンドの除染

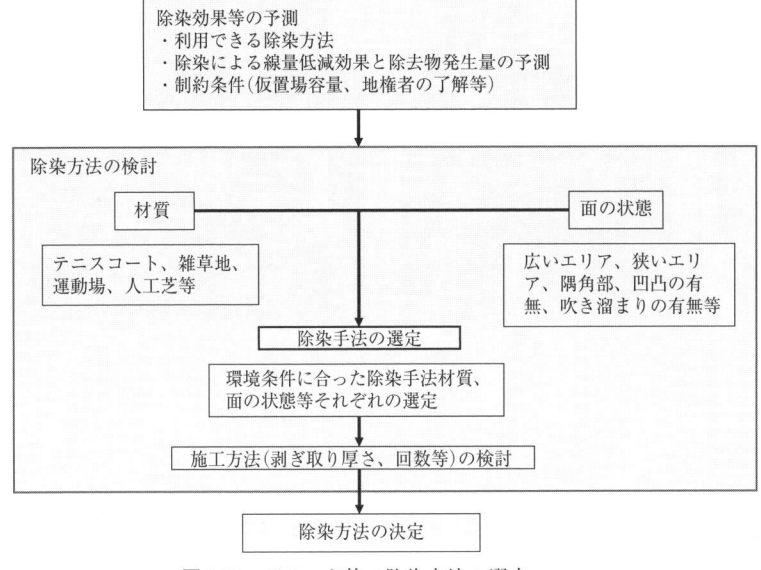

```
┌─────────────────────────────────────────┐
│ 除染効果等の予測                          │
│ ・利用できる除染方法                      │
│ ・除染による線量低減効果と除去物発生量の予測 │
│ ・制約条件(仮置場容量、地権者の了解等)     │
└─────────────────────────────────────────┘
                    ↓
┌─────────────────────────────────────────────────┐
│ 除染方法の検討                                    │
│    ┌──────┐              ┌────────┐              │
│    │ 材質 │              │ 面の状態│              │
│    └──────┘              └────────┘              │
│  テニスコート、雑草地、    広いエリア、狭いエリ   │
│  運動場、人工芝等          ア、隅角部、凹凸の有   │
│                            無、吹き溜まりの有無等 │
│              ↓                                   │
│         除染手法の選定                           │
│              ↓                                   │
│   環境条件に合った除染手法材質、                  │
│   面の状態等それぞれの選定                        │
│              ↓                                   │
│   施工方法(剥ぎ取り厚さ、回数等)の検討            │
└─────────────────────────────────────────────────┘
                    ↓
              除染方法の決定
```

図 5.25 グランド等の除染方法の選定フロー

5.5.2 グラウンドの除染方法

(1) 表土の削り取り

グラウンド等においては、放射性物質は表層近くに付着しています。雨樋からの排水口の付近や樹木の根元等は部分的に線量が高くなっている可能性がありますので、まず、こうした場所の土壌等を手作業等により除去します。それでも除染効果が見られない場合の措置の1つとして表土の削り取りがあります。グラウンドの削り取りの実施状況の例を図 5.26 に、ハンマーナイフモア＋スイーパーによる除染実施状況の例を図 5.27 に示しておきます。

表土を除去した場所では、必要に応じて汚染のない土壌を用いて客土等を行い、作業前の状態に回復します。また、除染対象が広域にわたる場合は、除染作業後の再汚染等が起こらないように連携をと

図 5.26 グレーダーによるグランド表面の土や草を除去 [12]

(a) ハンマーナイフモア　　　　　　　(b) スイーパーによる表土掻き取り

図 5.27　ハンマーナイフモア＋スイーパーによるグランドの除染[12]

り、地域において日程を合わせて一斉に行います。

(2) **表面の被覆(覆土)**

　表面の被覆(覆土)とは、放射性物質を含む上層の土を清浄な土で覆う手法であり、遮蔽による線量の低減や放射性物質の拡散の抑制が期待できます。この方法は、表土等を除去しないので、除去物が発生しないという利点があります。また、比較的放射線量が高い土壌に適用することで、土壌の除去等の対策を行うまでの間、表層の汚染土壌の拡散を抑制するとともに、除去等を行う作業員の被曝低減や作業性の向上が期待できます。校庭やグランドに適用されるほかに、除去物の仮置場の被覆の方法として覆土がよく用いられます。

　公園の砂場については、子供が直接触れる場所であり、掘り返しも想定され、かつ面積が比較的小さいことから、表層から 10〜20 cm の層をスコップ等で除去してから、必要に応じて、清浄な砂で表面を被覆し、作業前の状態に戻します。削り取りを行う際は、水等を散布して土壌の再浮遊や粉塵の飛散を防止します。

(3) **上下層の土の入れ替え(天地返し)**

　上下層の土の入れ替え、すなわち天地返しは、被覆(覆土)の一種ともいえる手法です。約 10 cm の表層土を底部に置き、約 20 cm の掘削した下層の土により被覆します。この際、表層土はまき散らさないようにしておくことや、下層から掘削した土と混ざらないようにしておく必要があります。広い範囲で行う場合は、適切にエリアを区切って実施します。天地返しの実施状況の例を図 5.28 に示します。

(4) **グラウンド等の除染手法の比較**

　いままで述べてきたように、グラウンド(運動場、草原、芝地、人工芝等)につい

5.5 グラウンドの除染

放射性 Cs 90% 以上を含む表層土を薄く剥ぎ取り仮置きする。下層土を 20 cm 程度剥ぎ取り仮置きする。表層土を敷き均した後下層土を敷き均す。

図 5.28　グランド等の天地返しによる除染手法[12]

(a)　大型芝剥ぎ機　　　　　　　(b)　ソッドカッター

図 5.29　広大芝地の除染実施状況の例[12]

ての除染の方法に関して、いくつかの方法が除染モデル事業で実証試験に供されました。芝生の除染実施状況の例を図 5.29 に示します。

グラウンドについての各種の除染方法の特徴をまとめ比較した結果を表 5.16 に、プールと広大な芝生の除染方法の特徴の比較を表 5.17 に示します。

5.5.3　グラウンドの除染に関する留意事項

路面切削機およびモーターグレーダーは作業幅 2 m であるため、表面に凹凸があると凹部が削り残されることになるので、凹凸のあるグラウンドは事前に平らに均

表5.16 グラウンド(雑草地)の除染方法の特徴比較[12]

除染手法	薄層土壌剥ぎ取り			天地返し
	ハンマーナイフモア＋スイーパー	路面切削機	モーターグレーダー	
低減率	90%程度	80〜90%	90%程度	80〜85%
除去物発生量	200袋/ha（目標2cm深さ）	200〜500袋/ha（目標2〜5cm深さ）	200〜500袋/ha（目標2〜5cm深さ）	なし
二次汚染	ほとんどなし	ほとんどなし	多少あり	ほとんどなし
コスト評価	710円/m²	360円/m²	290円/m²	230円/m²
施工スピード	270 m²/日	1,580 m²/日	640 m²/日	180 m²/日
歩掛	4人/日	9人/日	4人/日	1.2人日/ha
適用条件	・平坦地 ・凍土は不可 ・表土が締まっていること	・平坦地 ・表土が締まっていること	・平坦地 ・凍土は不可 ・表土が締まっていること	・排水層などがある場合は困難
適用性	○	○	○	○

表5.17 プール・芝生の除染方法の特徴比較[12]

除染手法	プール	広大芝生
	高圧水洗浄	ターフストリッパー
低減率	60〜90%程度	45%程度
除去物発生量	10袋/ha	200〜500袋/ha
二次汚染	除染水回収(ほとんどなし)	ほとんどなし
コスト評価	80万円/式	470円/m²
施工スピード	280 m²/日	1,590 m²/日
歩掛	6人/日	9人/日
適用性	○	○

しておく必要があります。また、2〜3cm以下での剥ぎ取りは構造上困難となります。

ハンマーナイフモア＋スイーパーは一度に剥ぎ取れる深さが1cm以下であり、剥ぎ取り深さにより複数回剥ぎ取りを行う必要があります。また、施工速度が遅いため、広い面積の除染には不適です。いずれの方法においても、機材のアクセスできない狭隘部は小型バックホウ、人力等で剥ぎ取りを実施しなければなりません。

排水層等の排水設備が設置されていない雑草地等においては、除去物が発生せず、

取りこぼし等が少ない、天地返しの適用も有効な手法です。プールの高圧水洗浄については、プール槽の材質（防水モルタル、防水塗装等）、状態等を考慮して洗浄圧力等の条件を決定します。

広大芝生については、剥ぎ取り厚さを一定に調整でき、施工速度の速いターフストリッパーを導入することが望まれます。ただし、剥ぎ取り表面が軟弱な場合や小石混じりの場合な充分な性能を発揮できない場合があります。また、狭隘部については、ソッドカッター、小型バックホウ、人力等で剥ぎ取りを実施する必要があります。

5.6 道路の除染

道路は土地に占める面積が小さいため、地域全体の放射線量に及ぼす影響は限定的と考えられます。したがって、市街地や居住地に隣接している道路と、農用地や牧草地のような非居住区域の道路とを区別し、歩行者や車による移動者に対する影響の程度を考慮したうえで、必要に応じて除染を行います。また、道路を除染するに当たっては、舗道や縁石の砂利や土、それに道脇は道路の中心に比べて放射線量のレベルが高いことから、これらを優先的に除染します。

5.6.1 道路除染に関する基礎的事項
（1）放射性物質の路面への付着状況

道路や駐車場の舗装面は、農地やグラウンド等の地表面と比べ、空間線量率が低い傾向にあります。これは、原発事故以降の降雨等により、道路の表面（舗装面）に付着した放射性物質が洗い流されたことによるものと考えられます。

高線量地域のアスファルト舗装面の表面汚染密度の深度分布を測定した結果によりますと、放射性物質は、密粒度の舗装面では表面から深度約 2～3 mm 程度、多孔質なアスファルト舗装（透水性舗装等）でも深度約 5 mm 程度までにほとんど留まっていることが明らかとなっています。

（2）除染手順および除染方法の選定

道路の除染手順（優先度）、除染方法を決定するに当たっては、以下のような事項に配慮する必要があります。

① 道路は宅地や農地と異なり、限られた周辺住民だけでなく、不特定多数の人

が利用すること。一方、その場に長時間滞在することは稀であること。
② 市街地と山間部または歩道と車道では、利用者数、利用形態（徒歩での移動、車での移動）、利用時間が異なること。
③ 道路（舗装面）は、周辺の農地やグラウンド等の地表面と比べ、表面汚染密度および表面線量率が低い傾向にあること。
④ 道路は除染作業に携わる作業員の移動動線であり、資材、除去物の移動動線でもあること。したがって、二次汚染や手戻り等を考慮すると、可能であれば除染済み区域を通行止めにし、除染地区内で最後に除染を行うなどの配慮が望ましいこと。

舗装道路・駐車場の除染手法を選定する流れを図 5.30 に示します。

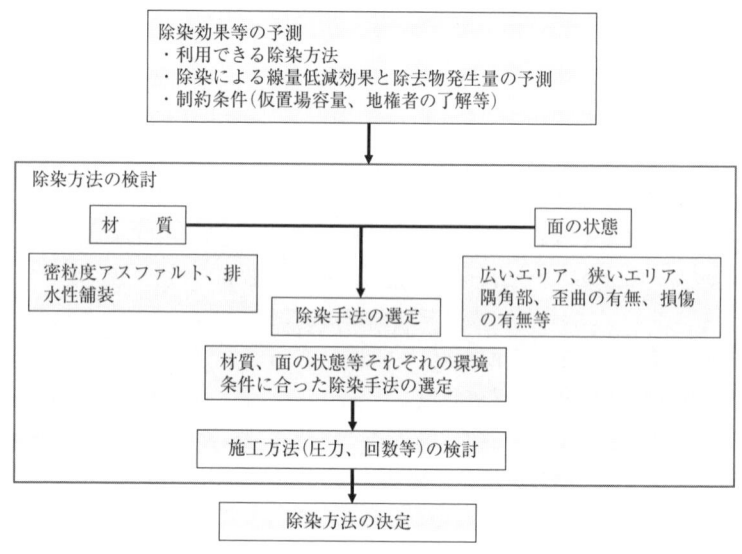

図 5.30 舗装道路・駐車場の除染手法の選定フロー [12]

5.6.2 道路舗装面の除染
(1) 除染方法と低減率

アスファルト舗装面に対しては、清掃（乾式路面清掃等）や洗浄（高圧洗浄、機能回復車等）による除染よりも、表面の剥離・切削（ウォータジェット、ショットブラスト、TS 切削機等）による除染の方が高い低減効果が得られます。一方、剥離・切削を伴う手法を適用する場合、機械作業となるため建物や塀の近傍等では作業困難

5.6 道路の除染

(a) 切削（ウォータージェット）　　　(b) 切削（ショットブラスト）

(c) 切削（TS切削機）　　　(d) 湿式清掃車（機能回復車）

図 5.31　アスファルト舗装面の除染実施状況の例[12]

な場合があり、また、歪曲・損耗した路面では、除染効果にムラが生じる場合もあります。アスファルト舗装面の除染実施状況の例を図 5.31 に示します。

(2) 除染方法

道路舗装面の除染方法についての特徴等を挙げると次のようになります。

① 透水性舗装機能回復車

　ア) 施工法の概要：排水性舗装機能回復車により路面に付着している放射性物質を含んだ土砂等を除去し回収する手法です。回収した土砂を汚泥としてそのまま搬出します。

　イ) 留意点等：わだち掘れの大きい道路や地震等の影響で歪曲・損傷した路面では、高圧洗浄部分と路面の間隔が開き、除染効果が低くなります。また、水の回収率も低下します。回収率が高く、施工時に横漏れしない洗浄アタッ

チメントの開発を行うことで改善されると考えられます。

② 超高圧水洗浄（150 Mpa 以上）

　ア）施工法の概要：超高圧水洗浄機（150 Mpa 以上）により、アスファルト舗装面を薄く削り取ります（とくに、ストレートアスファルト）。切削に使った水はバキューム車で吸引回収し、水処理設備へ運搬します。

　イ）留意点等：舗装面の深くまで汚染が進行している場合には、高圧での洗浄もしくは複数回の施工が必要となることから、事前に圧力、回数の違いによる除染効果の違いを把握し、仕様を決定することが重要です。なお、低減効果の測定に当たっては、除染水による遮蔽効果を除くため、乾燥した後に測定します。切削厚さによっては、オーバーレイ（ストレートアスファルトのみ）が必要となります。

③ ショットブラスト（薄層切削）

　ア）施工法の概要：ショットブラストにより、アスファルト舗装面を切削し、切削屑はバキューム吸引により回収します。また、研削材（鉄球）は磁石により回収します。

　イ）留意点等：路面に残った切削屑を竹箒で収集除去していますが、粒の細かいものが空中に舞うことがあるので、搭乗式清掃機との組み合わせが望まれます。また、研削材（鉄球）を100％回収することが重要です。ブラスト面の中央部と端部で切削深度に違いがあるため、半分の幅程度のラップが必要です。また、投射密度によっても切削深さが異なるので、事前に投射密度と除染効果の関係を調査する必要があります（モデル事業では大型タイプの場合 200 kg/m^2 を選定）。切削厚さによっては、オーバーレイが必要となります。

④ TS路面切削機（薄層切削）

　ア）施工法の概要：路面切削機により、アスファルト舗装面を任意の厚さ（5 mm 以上）で切削後、切削機に付帯しているベルトコンベアでトラックへ集積します。切削屑の残渣は人力で回収します。

　イ）留意点等：路面に残った切削屑を竹箒で収集除去していますが、粒子の細かいものが飛散することがあるので搭乗式清掃機との組み合わせが必要です。震災の影響等により、路面に凹部がある場合には、取り残しが生じるため、他の方法（超高圧水洗浄やショットブラスト等）で補完する必要があります。切削厚さによっては、オーバーレイが必要となります。

(3) 除染方法の特徴

舗装道路や駐車場の除染方法の特徴の比較を表5.18に示します。排水性舗装機能回復車は、基本的に表面を切削せずに洗浄する手法であり、他の表面を切削する方法（超高圧水洗浄、ショットブラスト、TS切削機）と比較すると、低減率は低くなりますが、処理速度が他の手法と比べて速いため、低線量区域では有効な手法です。

超高圧水洗浄、ショットブラストについては、圧力、速度、回数等の条件について事前に試験等を行い、最適条件を確認しておくことが効率的に除染を行ううえで有効です。また、ショットブラストのブラスト材および切削屑を取り残さないことが重要です。TS切削機については、処理速度は排水性舗装機能回復車に次いで速いのですが、5 mm以下での切削は困難であるため、除去物発生量を考慮して適用を判断すべきです。表面を切削する除染手法については、切削厚さによっては、オーバーレイ等の補修が必要になる場合があります。

表5.18 舗装道路・駐車場の除染方法の特徴比較 [12)]

除染手法	路面清掃車搭乗式ロードスイーパ	高圧水洗浄機+ブラッシング（15 MPa程度）	排水性舗装機能回復車	超高圧水洗浄機（120～240 MPa）	ショットブラスト	TS切削機
低減率	0～45%	0～65%	0～70%	40～95%	60～95%	95%程度
除去物発生量	少量	ほとんどなし	少量	30袋/ha程度	30袋/ha程度	80袋/ha程度
二次汚染	ほとんど無し	流末処理多少あり	洗浄水回収ほとんどなし	洗浄水回収ほとんどなし	多少あり	多少あり
コスト評価	路：10円/m^2 ス：20円/m^2	960円/m^2	150円/m^2	1,150円/m^2	480円/m^2	390円/m^2
施工スピード	路：7,000 m^2/日 ス：3,500 m^2/日	100 m^2/日	2,000 m^2/日	330 m^2/日	850 m^2/日（大型）	1,380 m^2/日
歩掛	路：2人/日 ス：2人/日	2人/日	2人/日	4人/日	5人/日	9人/日
適用条件	・乾燥した道路 ・損傷のない平滑な道路	・損傷のない道路 ・側溝蓋も洗浄可	・歪曲 ・損傷のない平滑な道路	・損傷のない道路 ・側溝蓋も洗浄可	・乾燥した道路 ・歪曲・損傷のない道路	・乾燥した道路 ・歪曲・損傷のない道路
適用性	▲	△	△	○	○	○

5.6.3 道路除染に関する留意事項

いままで述べてきたことと重複する事項が多いと思いますが、ここで、舗装道路と駐車場の除染に関する事項をまとめておきます。

① 高線量地域のアスファルト舗装面の表面汚染密度の深度分布を測定した結果、放射性 Cs は密粒度の舗装面では表面から深度約 2〜3 mm 程度まで、多孔質な排水性舗装でも表面から深度約 5 mm 程度までに残留していることが確認されました。

② 舗装道路に対する除染方法として、切削は除染効果は高いのですが、他の方法に比べると発生除去物量が多い。放射性物質はアスファルト舗装面表面のごく近傍(数 mm 程度)に大部分が付着・残留していることも考慮すると、切削厚さを可能な限り薄くすることにより発生除去物量を減らしながら、高い除染効果を達成する方法を選択することが重要です。

③ 排水性舗装機能回復車による低減率は最大 50% 程度ですが、施工スピードが他の 3〜8 倍程度速いことから、目標低減率が低い場合は効率的な除染方法といえます。

④ 薄層切削工法の中では、TS 切削機が最も低減率が高く、施工速も速いのですが、5 mm 以下の切削は精度上困難であることから、除去物発生量が多くなります。

⑤ 放射性物質は、道路に溜まった泥、草、落葉等の堆積物、およびアスファルト舗装面のごく表面(特にストレートアスファルト部分)に残留・蓄積する傾向にあります。

⑥ 表面が密粒なアスファルトよりも多孔質なアスファルトの方が舗装面からより深くまで放射性物質が浸透しています。

⑦ 除染対象となるアスファルト舗装面の幅や周辺の構造物の状況により、除染に使用できる機器が制限されます。

⑧ 舗装面の形状(歪曲の有無、損傷の有無等)により、同様の除染方法を適用した場合においても低減率に差が認められます。

⑨ 除染の際に水を使用する場合、除染水の濃度に応じて、回収・処理方法、排水経路を確認しておきます。

⑩ 切削もしくは剥ぎ取り(撤去)による除染を行う場合、必要に応じて復旧工事を要することとなるので、事前に道路管理者と復旧の要否、復旧の時期や方法について調整しておく必要があります。

第6章
除染に伴う洗浄水等の処理

6.1 洗浄水等の処理

6.1.1 洗浄水等
（1） 洗浄水等と処理基準

　放射性物質（福島原発事故では、放射性Cs）で汚染された建物や道路等の洗浄に使用した「洗浄水」および福島原発事故以前から溜まっていたプール等の「滞留水」の2つを「洗浄水等」と呼ぶことにします。除染モデル実証事業（以下、除染モデル事業）においては、洗浄水約1,200 m^3、滞留水約1,200 m^3の処理を実施しています。

　洗浄水等の処理は、水中の浮遊物に吸着している放射性Csおよび水中に溶存する放射性Csを洗浄水等から固体として分離します。そして、洗浄水等の放射性Cs濃度（以下、濃度）が基準値以下であることを確認して放流します。洗浄水等の排水基準は、厚生労働省の飲料水に関する暫定基準値である200 Bq/kgを、また、Cs-134が60 Bq/L、Cs-137が90 Bq/Lのように、2種類の放射性物質が混在す場合は、それぞれの濃度÷基準値の和が1以下という、原子力安全委員会の基準を適用し、それぞれの濃度が基準値以下である場合は処理せずに放流します。

（2） 洗浄水等の処理方法の選定

　モデル事業においては、洗浄水等の処理量、処理期間、汚染状況等を考慮し、様々な処理手法について試験および本格処理を実施していますが、大熊町における「ろ過処理」を除き、すべての処理方法で排水基準を満足する処理が実施できています。処理方法の選択に当たっての選定の流れを図6.1に示します。

6.1.2 洗浄水等の処理方法

　洗浄水等の処理方法は、「ろ過」、「吸着」、「凝集」、「沈殿」の4つの手法を組み合

```
┌─────────────────────────────────────────────────────────────────┐
│ 目的：除去物(廃棄物)量の減容化および形態を固体化することによる保管の簡略化 │
└─────────────────────────────────────────────────────────────────┘
┌─────────────────────────────────────────────────────────────────┐
│ 低減目標：200 Bq/kg(飲料水に対する暫定規制値)またはセシウム134：60 Bq/L、セシウム │
│         137：90 Bq/L(混在する場合はそれぞれの濃度÷基準値の和が1以下)等 │
└─────────────────────────────────────────────────────────────────┘
┌─────────────────────────────────────────────────────────────────┐
│ 低減率を達成するための処理方法の検討                                │
│        ┌─────────────────────┐                                  │
│        │ 洗浄液等の性状の把握 │                                  │
│        └─────────────────────┘                                  │
│        ┌─────────────────────┐                                  │
│        │ 処理目標の設定       │                                  │
│        │ (1)低減目標          │                                  │
│        │ (2)実施期間          │                                  │
│        └─────────────────────┘                                  │
│        ┌─────────────────────┐                                  │
│        │ 処理方法の検討       │                                  │
│        └─────────────────────┘                                  │
│        ┌─────────────────────────────┐                          │
│        │ ビーカー試験等による処理条件の検討 │                     │
│        └─────────────────────────────┘                          │
└─────────────────────────────────────────────────────────────────┘
              ┌─────────────────┐
              │ 処理方法の決定   │
              └─────────────────┘
```

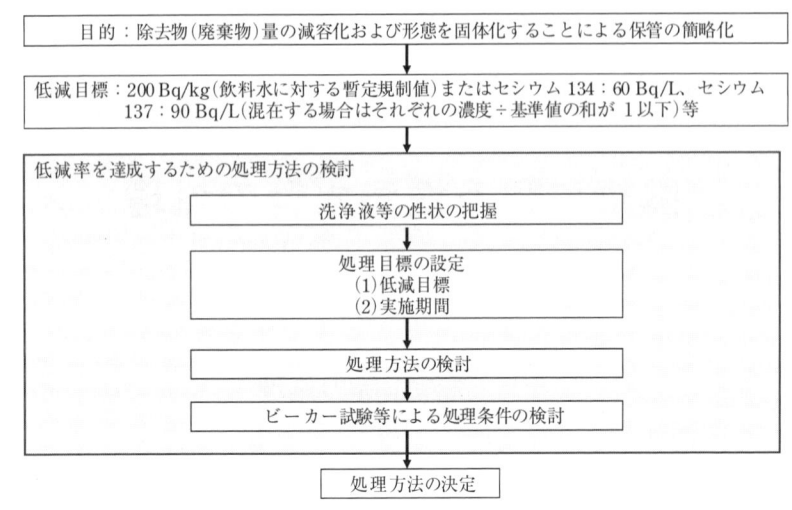

図 6.1　洗浄水等の処理方法選定フロー[12]

わせて行います。よく適用される一般的な組み合わせの例を図 6.2 に示します。

以下において、モデル事業等で実施した洗浄水等の処理方法の概要について紹介します。いずれも図 6.2 に示す手法の組み合わせということができます。

(1) ろ過処理

モデル事業におけるろ過処理は、大熊町、楢葉町、広野町における洗浄水の処理に適用されました。$0.3\,\mu\mathrm{m}$($1\,\mu\mathrm{m} = 0.000\,001\,\mathrm{m} = 0.001\,\mathrm{mm}$)のメインフィルターを用い、処理後の濃度は、低いもので

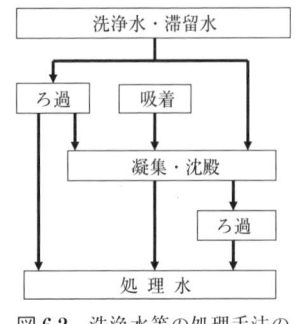

図 6.2　洗浄水等の処理手法の組み合わせの例[12]

12 Bq/kg(広野町)、高いもので 101～340 Bq/kg(大熊町)でした。処理水については、再利用あるいは濃度の高いものについては、凝集・沈殿(吸着)の再処理を実施しました。ここで用いた処理の流れを図 6.3 に示します。また、装置の写真の例を図 6.4 に示します。

(2) 凝集・沈殿(吸着)処理

この方法は、葛尾村、田村市、富岡町、大熊町、広野町における洗浄水および飯舘村、富岡町における滞留水の処理に適用されました。処理のフローを図 6.5 に示します。洗浄水においては、無機系の凝集剤を用い、凝集・沈殿後の上澄み液の段

6.1 洗浄水等の処理

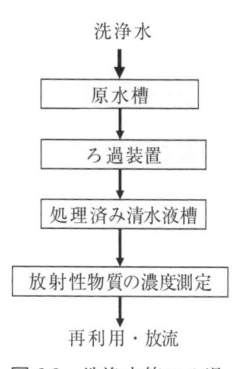

図 6.3 洗浄水等のろ過処理フロー[12]

図 6.4 洗浄水等のろ過処理の概要(例)[12]

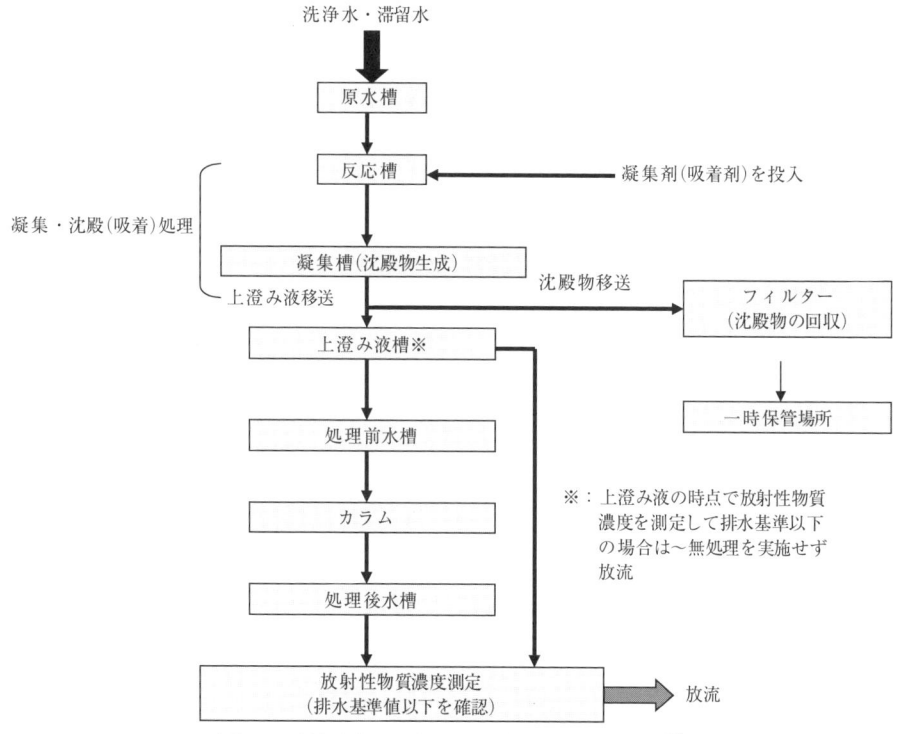

図 6.5 洗浄水等の凝集・沈殿(吸着)処理フロー[12]

※：上澄み液の時点で放射性物質濃度を測定して排水基準以下の場合は〜無処理を実施せず放流

階で放射性物質の濃度が最大でも 38 Bq/kg と排水基準値以下でした。滞留水ついては、無機系の凝集剤と吸着剤(笹岡粘土)を併用し、処理後の上澄み液の段階で放射性物質の濃度が検出限界以下となっています。

大熊町、広野町の洗浄水の処理については、ポリ鉄、粉末ゼオライト等を用いた凝集・沈殿(吸着)処理を行い、放射性物質の濃度は検出限界以下となっています。飯舘村の滞留水の処理については、プール水中に直接天然鉱物系の凝集剤を投入して処理した結果、濃度は約 150 Bq/kg に低下しています。

(3) **凝集・沈殿(吸着)処理＋ろ過処理**

本処理方法は、南相馬市における洗浄水および滞留水の処理に適用されました。処理においては、吸着効果のある無機系の凝集剤を用い、処理後のセシウム濃度は検出限界以下となりました。処理のフローを図 6.6 に示します。

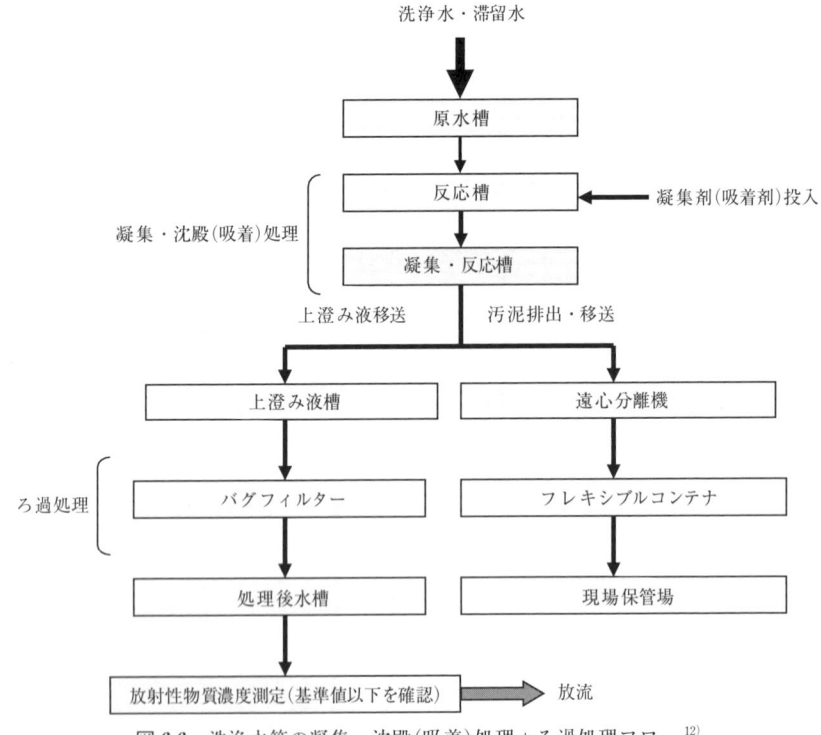

図 6.6　洗浄水等の凝集・沈殿(吸着)処理＋ろ過処理フロー [12]

6.1 洗浄水等の処理

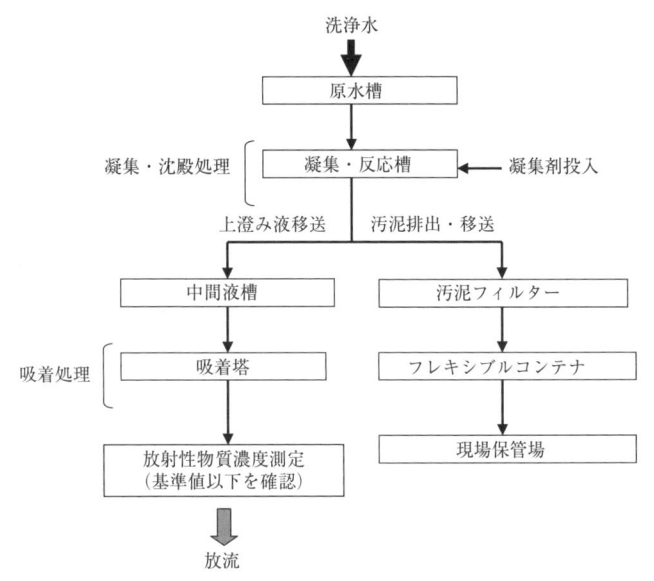

```
             洗浄水
               ↓
           ┌───────┐
           │ 原水槽 │
           └───────┘
               ↓
凝集・沈殿処理 ┌───────────┐  ← 凝集剤投入
           │ 凝集・反応槽 │
           └───────────┘
        上澄み液移送 ↓   ↓ 汚泥排出・移送
        ┌───────┐   ┌──────────────┐
        │ 中間液槽 │   │ 汚泥フィルター │
        └───────┘   └──────────────┘
           ↓            ↓
吸着処理 ┌───────┐   ┌──────────────────┐
        │ 吸着塔 │   │ フレキシブルコンテナ │
        └───────┘   └──────────────────┘
           ↓            ↓
   ┌──────────────────┐  ┌─────────┐
   │ 放射性物質濃度測定  │  │ 現場保管場 │
   │ (基準値以下を確認) │  └─────────┘
   └──────────────────┘
           ↓
          放流
```

図 6.7　洗浄水等の凝集・沈殿処理＋吸着処理フロー [12]

(4) 凝集・沈殿処理＋吸着処理

本方法は、飯舘村における洗浄水の処理に適用されました。車載型の水処理装置を用いて、天然鉱物系の凝集剤による処理を行った後、吸着塔においてゼオライト吸着［プルシアンブルー（フェロシアン化第Ⅱ鉄）による吸着試験も実施］処理を実施しました。処理後の濃度は最大で 19 Bq/kg 程度となっています。なお、吸着塔とは、吸着剤を塔状の容器に充填したものです。処理フローと装置を図 6.7 および図 6.8 に示します。

図 6.8　洗浄水等の車載式の凝集・沈殿処理＋吸着処理装置の概要（例）[12]

(5) 吸着処理＋凝集・沈殿処理＋ろ過処理

本処理方法は、浪江町（権現堂地区および津島地区）における洗浄水および浪江町（津島地区）の滞留水の処理に適用されました。吸着剤（ゼオライトスラリー）による吸着処理を行った後、無機系の凝集剤による凝集・沈殿処理を実施し、上澄み液の

第6章　除染に伴う洗浄水等の処理

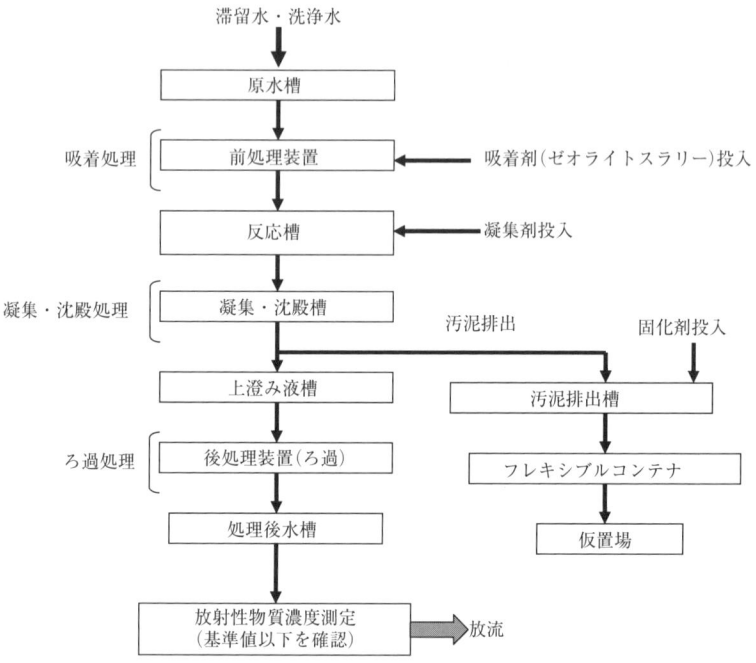

```
           滞留水・洗浄水
                ↓
            ┌──────┐
            │ 原水槽 │
            └──────┘
                ↓
吸着処理 ┌  ┌────────┐  ← 吸着剤(ゼオライトスラリー)投入
        └  │ 前処理装置 │
            └────────┘
                ↓
            ┌──────┐  ← 凝集剤投入
            │ 反応槽 │
            └──────┘
                ↓
凝集・沈殿処理 ┌  ┌──────────┐
              └  │ 凝集・沈殿槽 │ ─── 汚泥排出 ──→  固化剤投入
                  └──────────┘                         ↓
                ↓                              ┌──────────┐
            ┌──────────┐                    │ 汚泥排出槽 │
            │ 上澄み液槽 │                    └──────────┘
            └──────────┘                         ↓
ろ過処理 ┌  ┌──────────────┐           ┌──────────────┐
        └  │ 後処理装置(ろ過) │           │ フレキシブルコンテナ │
            └──────────────┘           └──────────────┘
                ↓                              ↓
            ┌──────────┐                    ┌──────┐
            │ 処理後水槽 │                    │ 仮置場 │
            └──────────┘                    └──────┘
                ↓
        ┌────────────────┐
        │ 放射性物質濃度測定 │ ⇒ 放流
        │ (基準値以下を確認) │
        └────────────────┘
```

図 6.9　洗浄水等の吸着処理＋凝集・沈殿処理＋ろ過処理フロー[12]

ろ過を行います。処理後の Cs 濃度は最大で約 140 Bq/kg となっています。処理フローおよび装置の例を図 6.9 および図 6.10 に示します。

6.1.3　洗浄水等処理の作業性

　モデル事業においては、洗浄水と滞留水の処理量はほぼ同程度でした。また、処理方法も同一のものが適用できることが確認されました。プール水の場合は、後工程でプール躯体の除染が控えているため、50～

図 6.10　洗浄水の吸着処理＋凝集・沈殿処理＋ろ過処理装置の概要(例)[12]

100 m³/日程度の大容量の処理が要求されます。このような大容量を処理する効果的な方法として、凝集・沈殿処理を挙げることができます。一方、フィルターによるろ過では約 8.2 m³/日(広野町の例)の処理量であるなど、大容量処理への適用は

ここでは、凝集・沈殿処理による作業性を検討します。凝集・沈殿処理による作業性についての実績は、葛尾村の実績で12 m^3/時間程度の処理量が実証されています。その際の作業内容と作業時間、歩掛は以下のようです。

(1) 作業時間
- 1バッチ(6 m^3)の処理時間：約30分
- 原水槽〜反応槽への移送：10分
- 反応槽での反応時間：3分
- 凝集槽での沈降時間：7分
- 凝集槽〜上澄槽の移送：10分

その他の作業は上記作業と同時に実施できるため、水処理工程に影響を及ぼすことはなかったようです。凝集・沈殿処理と吸着処理については、作業時間についてはおおむね同等でした。

(2) コスト

モデル事業における洗浄水等処理については複数の方法を採用しています。大熊町での約3,000〜約10,000 Bq/kgの高濃度の洗浄水をフィルターによって処理を試みた事例を除き、すべての手法において排水基準を満たしています。福島第一原子力発電所のプラント内で発生する高濃度の汚染水に比べ、敷地外の除染によって発生する洗浄水は汚染レベルが低く、モデル事業の実績では、フィルターによるろ過、もしくは凝集剤による凝集・沈殿処理によって、ほぼ処理可能であることがわかりました。汚染レベルが比較的低い場合は、凝集剤に比較して材料費が高価な吸着剤を用いずに、フィルターろ過もしくは凝集・沈殿による処理で十分です。本事業から算定した水処理のコストは、17人日/100 m^{3}で、60万円/100 m^3(組立〜運転〜撤去)程度となります。

6.1.4 洗浄水等の処理に関する留意事項

(1) 洗浄水等処理に関する所見

今回の洗浄水等の処理において、以下の知見が得られると考えられます。

① 濁り等の浮遊物が多く存在する洗浄水は、浮遊物に多くの放射性物質が吸着しており、この浮遊物を凝集・沈殿処理することで高い洗浄効果が得られます。

② 濁り等の浮遊物が少なく比較的透明度が高い滞留水(プール水)の処理につい

ては、放射性物質が水中に少なからず溶存（イオン化）している可能性が高く、吸着剤または吸着効果を持つ凝集剤を使用して処理することで高い洗浄効果が得られます。

(2) 総括的な留意事項

除染作業に伴う洗浄水や滞留水の処理方法については、以下に示すような留意事項を挙げることができます。

① 大規模な除染では、洗浄水等の発生場所が多数になり、処理設備を長期間設置しておくことが困難になることも予想されます。処理設備を車載型とし、洗浄水等の発生場に移動できるような設備も検討すべきです。

② 厳冬期では設備が凍結し、作業効率に重大な影響を及ぼす可能性があります。建屋内に設備を収納するなどの凍結防止対策を検討する必要があります。

③ 発生汚泥の処理については、高線量となることが予想されるため、あらかじめ遮蔽した容器内に人手を介さずに分離できるような工夫が必要です。

④ 洗浄水による下流の汚染については、住民から多くの不安の声がありました。水を利用した除染を行う際には、周辺を養生するとともに、側溝に堰を設けるなどの流出防止策を講ずることが重要です。家屋や植栽に対する高圧水洗浄の場合、高圧水洗浄の後に下のたたきや表土の除去を行うことで、二次汚染を防止することができます。

⑤ 回収した洗浄水の処理については、放射性物質がイオンとして存在するか、浮遊物に付着しているかで、ゼオライト等の吸着剤の必要性が決まります。本モデル事業では放射性物質の存在形態に対する詳細な分析は行われていませんが、洗浄水が土粒子を含む懸濁水の場合には、ゼオライト等の吸着剤を使用せずとも凝集沈殿のみで濃度は低下し、放射性物質が土粒子あるいは浮遊物質に付着していたことが推察されました。

一方、学校プールのような滞留水においては、付着する浮遊物が少ないこともあり、凝集沈殿だけでは濃度は低下しない結果も得られ、一部、イオン状態で存在することも想定されます。このような滞留水に対しては、ゼオライト等の吸着剤を導入することが必要です。

⑥ 凝集沈殿等とろ過法では、それぞれメリットとデメリットがあります。例えば、凝集沈殿法は装置・手法等は容易ですが、沈殿物の水分除去・固形化等が必要になります。一方、ろ過法では除去物は個体であり取り扱いが容易ですが、ろ過に時間がかかることやフィルターの目詰まり、洗浄等の対応が必要です。

また、凝集沈殿法はバッチ処理であるのに対し、ろ過法は連続処理ができるといった特徴を持っています。どちらの手法を採用するかについては、処理水の性状、必要な処理量等により違ってきます。

6.2 除去物の減容

　除去物の減容は、仮置場の面積や安全性を左右するため、保管コストの低減化の上で非常に有効な手段です。とくに、腐敗性の「可燃性除去物」については、焼却による減容により灰の形に無機化することで除去物の形態を安定化することも可能となります。減容を除染作業に組み入れることも視野に置く必要がありますが、減容による放射性物質の濃縮により減容物の線量も上がる場合があるため、取り扱いには十分注意する必要があります。

　除染作業に伴って発生する除去物には「可燃性除去物」、「不燃性除去物」および「可燃性除去物と不燃性除去物の混合物」があり、減容の方法として以下に述べるような技術が提案されていますが、川俣町で実施した「チッパーによる減容」、田村市および葛尾村で実施した「木材破砕機による減容」のように、本格処理として実施した技術もあります。

6.2.1　可燃性除去物の減容

　木質系のガレキや草木、枝葉といった除染対象として発生する腐敗可燃性のものと、除染作業で使用するタイベックスーツやウェス、ビニール袋、養生シート類等が可燃性除去物に該当します。ここで、減容率とは［(減容した体積／減容前の体積)×100］で表される量です。

(1)　木材破砕機による減容

　減容には、自走式の木材破砕機を使用し、剪定枝、伐根、廃木材等の木質系廃棄物(森林部から発生)および草類(農地部から発生)を対象に破砕処理を行い、減容の程度を測定・評価しています。

図6.11　木質系粉砕機による減容装置の概要(例)[12]

本装置の減容率については45〜63％であり、破砕による減容効果は大きいと言えます。破砕機による減容化、フレキシブルコンテナ詰込み最大施工量は、56袋/日であり、平均31袋/日を処理しています。なお、本装置は木材の破砕を行う機械で草用ではないため、生草を破砕した場合は、草が機械内で団子状に固まり、機械整備に時間がかかり、効率を下げる要因となりました。破砕機による減容化装置の概要を図6.11に、結果の事例を表6.1に示します。

表6.1 粉砕機による枝葉等の減容化[12]

減容物	減容化方法	減容率（％）	備考
枝、笹	枝、小径木用	88	枝葉等の投入に係わる作業性が良い
草、落葉	木材用	45〜63	草・落葉類での作業性が悪い。事前分別が必要
集積丸（10〜20 cm）	木材用	7	丸太は枝葉と比べてかさばらないため減容率は小さい

注） 粉砕機では粉塵対策を施すことにより周囲に放射性物質が付着した粉塵を飛散させずに減容化することが可能。

(2) チッパーによる減容

本減容処理にはブラシチッパー（自走式）を使用し、充填効率の上げられない枝および森から発生した笹等の下草を破砕し、減容の程度を測定・評価します。破砕した枝および下草はバックホウによりフレキシブルコンテナに回収し、一時保管場所に集約しました。なお、チッパー吐出口と破砕物をシートにより囲い、破砕時の粉塵飛散防止を図りました。本装置の減容率については、約88％と高くなっており、減容効果は非常に大きい結果が得られています。チッパーによる減容化装置の概要を図6.12に示します。

図6.12 チッパーによる減容化装置の概要（例）[12]

(3) 高温焼却による減容（800℃以上）

高温焼却処理は減容率が96〜99％と高いことから、とくに、腐敗性の可燃性除去物あるいはタイベックスーツ等の処理に能力を発揮します。排気系にフィルター等を設置することで、放射性物質は主灰および飛灰として回収され、排気への放射

性物質の移行も低く抑えられるため非常に有効な減容の処理方法です。設備が比較的大規模となることや、焼却灰の放射性物質濃度が相当高くなるため取り扱いに注意が必要ですが、推奨できる手法です。高温焼却炉の概略の一例を図6.13に示します。

(4) 低温焼却による減容(400℃以下)

ロータリードライヤー等の低温焼却炉によっても可燃性除去物の減容処理を効果的に進めることが可能です。減容率については75〜90%と高く、蒸し焼き状態となった処理物中に放射性物質の大半が残留します。また、土壌等との分離が完全でなくとも焼却が可能であることから、植物根等の腐敗性の可燃性除去物に効果的です。ロータリードライヤーの概要の例を図6.14に、また、焼却による減容化の結果の例を表6.2に示しておきます。

図6.13 高温焼却炉の概要(例)[12]

図6.14 低温焼却による減容に利用されるロータリードライヤの概要(例)[12]

表6.2 焼却による枝葉等の減容[12]

減容物	減容化方法	減容化率(%)
下草、枝葉	高温焼却炉(29 kg/h、800℃以上)	96以上
下草、枝葉	高温焼却炉(49 kg/h、800〜850℃)	96〜99
根等の混合した土砂	ロータリードライヤー(低温焼却250〜400℃)	75〜90程度

(5) 重量物積載による減容

試験では、フレキシブルコンテナ収納時、充填効率の上がらない落葉を対象に、重量物[鉄板(1.5 m×3.0 m×2枚重量=1.6 t)および不燃物フレコン1袋(重量=1 t)]を載荷し圧縮することによる減容の程度を測定・評価しました。その状況の例を図6.15に示します。減容率は約46%と比較的高く、目立ったリバウンド(2%程度)も発生していません。

図 6.15　重量物積載による減容化の概要例)[12]　　図 6.16　下草集積機(ロールベーラ)による圧縮の概要(例)[12]

(6)　下草集積機(ロールベーラ)による圧縮

　草地の刈り取りにより発生した草を対象に、トラクターに装着した下草集積機(ロールベーラ)にて圧縮することによる減容を図る方法です。減容率については88％と非常に高く、下草刈り取り後、ロールベーラーの走行部に下草を集積する人力作業が必要となりますが、作業効率は良く、とくに、トラクターが走行可能な広い箇所においては高い効果を発揮します。その概要の例を図 6.16 に示します。

(7)　タバコ梱包器による減容

　落葉を対象に、タバコ梱包機により圧縮することによる減容の程度を測定しました。減容率については47％と比較的高いのですが、リバウンドが大きいため圧縮後はひも等で緊結し、フレキシブルコンテナに収納する場合は、収納可能な形状となるようにタバコ梱包機の形状を工夫する必要があります。

(8)　自然放置による減容

　草木(雑草)を対象に、5日間自然放置し経時変化による減容の程度を測定しましたが、減容率は約6％と低く、大きな効果は認められませんでした。

(9)　吸引による減容

　防護服(タイベックスーツ)を対象に、小分けした収納袋を掃除機で吸引することによる減容の程度を測定しました。減容率は61％と比較的高く、家庭用真空掃除機を用いて現場で短時間に処理できるという利点があります。

(10)　除去植物の堆肥化

　植物を減容する一つの方法として、また、簡易で安価な方法として堆肥化があります。堆肥化は微生物によって易分解の有機物を消費し二酸化炭素にします。フレ

キシブルコンテナ(2t袋)に枯れ葉等の有機物を充填し、堆肥化促進剤として無機窒素肥料およびヒートコンポを添加しました。また、堆肥化に適したpHとするために、消石灰を添加し、堆肥化促進のため空気をポンプで送気して堆肥化しました。減容率は条件の良いもので16～32％(試験期間約1ヶ月間)という結果が得られています。

6.2.2 不燃性除去物の減容化
(1) 高含水除去土の減容化(試験)
　一般的に田、沼地および河川等の底泥である高含水の除去土を袋材に充填した場合、自重により自然脱水して減容します。本試験は、特殊ジオテキスタイル袋(透水性を持つポリエステル、ポリプロピレン繊維等の合成高分子材料を用いた繊維製の袋)およびフレキシブルコンテナの脱水による減容効果について、加水によって製作した模擬高含水の除去土を使用して結果を検討しています。

　減容率は41～49％(200％含水、5日間放置の例)となり、加水した水分はほぼ脱水されており、脱水した水分中の放射性物質の濃度は、特殊ジオテキスタイル袋、脱水用フレキシブルコンテナ双方とも規制値以下(200Bq/kg：飲料水に対する暫定規制値)となりました。脱水の濁度については特殊ジオテキスタイル袋の方が透明と報告されています。

(2) 水熱処理による除去土の除染・減容
　亜臨界と呼ばれる高温・高圧状態の水を汚染土(除去土)と接触させることにより、重金属、有機物等と同様に、土壌に付着した放射性物質を水に溶出させる(水熱処理)ことができます。水熱処理によって、接触させた水は汚染水となりますが、土壌は洗浄されます。

　試験では、放射性物質(セシウム)の濃度が低濃度、中濃度および高濃度とした土壌試料の中から、最も濃度が高いもの3種類を用い、全部で11バッチ実施しました。今回の試験においては、投入した土壌と除染・回収した土壌等の質量収支および放射性物質の収支が完全には取れませんでした。ただ、高い放射性物質濃度の低減率を示すバッチもありました。今後改善が望まれます。

(3) スキャンソート(試験)
　スキャンソートは、除去土に含まれる放射性物質の濃度を連続的に測定し、設定した基準値以上の土壌と未満の土壌に分別するベルトコンベアを有したシステムです。田畑等から除去した土壌をスキャンソートで分別することにより、基準値以下

のものは元の土地に戻すことが可能となるため、除去土壌の減容に資することができます。スキャンソートの概要の一例を図 6.17 に示します。

除去土は、計測装置に入らない大きさの石や木根、ゴミ等をふるいで分別後、ふるいを通過した土等が検査用コンベア上を移動する間に、放射性物質の濃度（Bq/kg）を測定し、土の放射性物質濃度が分別の基準値の濃度以上あるいは未満かによって、反転する分別コンベアを制御して分別する仕組みになっています。

図 6.17 スキャンソートの概要（例）[12]

試験においては、約 170 t の除去土を分別し、分別された土壌から試料を採取し、放射性物質の濃度分析の結果、基準値以下に分別された土壌は、ほぼ所定の濃度以下でありスキャンソートの分別能力の有効性が確認されています。

(4) 玉石等の分級・洗浄（試験）

玉石が土砂等の細粒分と混じっている場合は、放射性物質の多くは細粒分に付着しており、玉石を土砂等と網目 3 mm のふるいで分級した後、水で洗浄することで玉石の放射性物質を取り除き、玉石を再利用することによる廃棄物の減容を図ることができます。試験において、表面の汚染密度約 1,400〜10,000 cpm の土砂混じりの玉石を分級・洗浄した結果、玉石の表面密度は約 460〜520 cpm となり、十分に再利用可能な表面密度となりました。厳密には減容率とは言えませんが、粒径 3 mm 以下の土砂の組成比は約 15％（廃棄物となる）であり、約 85％の玉石が再利用できたことから、見かけ上の廃棄物の減容率としては約 85％ということになります。

6.2.3 可燃性と不燃性の混合除去物の減容

混合除去物として問題も多く、量も多いのが植物根と土の混合物です。除染において、農地（とくに牧草地）、園庭、校庭、公園（とくに芝生）等の表土を剥ぎ取る場合には大量の植物根を含んだ土砂が発生し、これらについては可燃物扱いを余儀なくされます。除染で発生した植物根等が混入した表土等を対象にツイスターと振動ふるい機を用いて、植物根と土との分別する方法が考案されています。分離した植物根等は焼却処理が可能となります。

試験では、土砂、石等の不燃物と植物根等の含有率が様々であるため、減容率という基準では評価できませんが、目視で確認した結果、試験条件が良いものについては、土側には根等の可燃物はほとんど混入していません。ただし、粘性の高い土を処理した場合はツイスターで土が砕けず、根側に土が大量に排出されることがあります。車載型ツイスターの概要の一例を図 6.18 に、移動式振動ふるい機の概要の一例を図 6.19 に示します。

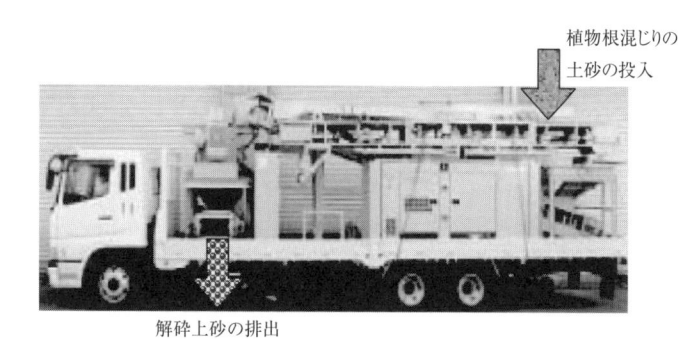

図 6.18 車載型ツイスターの概要(例)[12]

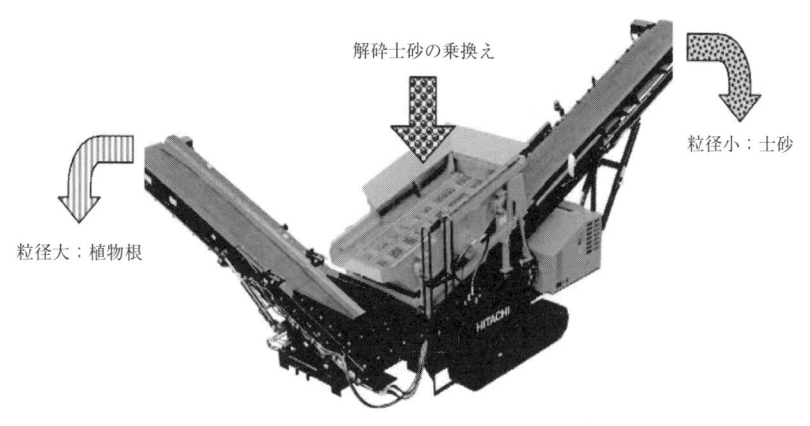

図 6.19 移動式振動ふるい機の概要(例)[12]

6.2.4 除去物処理の作業性

減容技術の作業性については、モデル事業による減容の実績が小規模かつ短時間での試験的な実施によるものがほとんどでしたので、正確な数値は得られていないようです。ここでは、それらの中で比較的大規模で継続的に実施した減容の実績が

あるものについて作業性を整理しておきます。
(1) 木材破砕機による減容
田村市における木材破砕機による減容の実績を以下に示します。実績によると、7.5 人/日となりますが、作業の慣れによりさらなる効率化が可能と思われます。

- 減容日数：8.5 日間
- 減容対象：下草刈り時の枝・落葉
- 発生フレキシブルコンテナ数：262 袋
- 作業人数：60 人日
- 使用機材：木材破砕機(米国モバーク社製、出力 135 kW)、2.5 t クローラクレーングラップル、軽トラ
- 破砕能力：10 t/h(機械能力)

(2) チッパーによる減容
川俣町におけるチッパーによる減容実績を以下に示します。実績によると、7.25 人/日となりますが、作業の慣れによって 3～4 人/日程度への向上が可能と思われます。

- 減容日数：14 日間
- 減容対象：森林の枝打ちによる枝葉、下草刈りによる小枝等
- 対象面積：約 31,000 m^2
- 作業人数：101.5 人日
- 使用機材：ブラシチッパー自走式 90C 型、移動式クレーン(1.7 t 吊)0.28 m^3
- 処理能力：2.4 m^3/1 時間 54 分(実績)

(3) コスト
枝葉等の可燃物の減容については、チッパーや木材破砕機による減容のみならず、圧縮等の様々な方法を試行しましたが、コストについては十分に比較できるだけの規模・時間で実施できていないようです。今後は、減容の作業コストのみならず、仮置場の造成のコスト、運搬設備のコストを含めた一連の除去物処理コストを踏まえた分析が必要であると考えられます。

6.2.5 除去物の減容に関する課題
(1) 可燃性除去物
可燃性除去物のうち、森林から発生する枝葉、笹等の下草はフレキシブルコンテナ収納時に嵩張り、充填効率が上げられないことから減容処置が必要になります。

可燃性除去物の焼却(高温)処理については、減容率が高く排気への放射性物質の移行も低く抑えられるため非常に有効な処理方法であり、設備が比較的大規模となること、および焼却灰の取扱いに注意を払う必要がありますが、最も有効な手法と考えられます。

　木材破砕機、チッパーによる減容化処理については、処理対象物にもよりますが、比較的減容率が高く、設備も小規模で済むため有効な手法といえます。なお、本処理を実施する際は、木屑等の粉塵の飛散が予想されるため、防塵シートを周囲に敷設するなどの処置を考慮することが望まれます。

　広大な草地から発生する下草等の減容化については、トラクター装着の下草集積機(ロールベーラ)による圧縮が下草を集積する人力は必要となりますが、減容率、作業効率の観点から効率の良い手法と考えられます。重量物積載による落葉等の減容化およびタイベックススーツの吸引による減容化については、減容効果も比較的高く現場で手軽に実施することができます。

(2) 不燃性除去物

　不燃性除去物のうち大半を占める土砂等の減容化については、現時点では推奨できる減容化手法は見つかっていません。ただし、家屋等の雨だれの落ちる部分等に敷き詰めてある土砂の混じった玉石については、土砂を分級し、玉石を洗浄することで玉石を効率よく除染でき、玉石を再利用することで、廃棄物を減容することができます。

(3) 可燃性と不燃性の混合除去物

　農地(とくに牧草地)、園庭・校庭・公園(とくに芝生)から発生する大量の植物根を含んだ土砂は可燃物扱いを余儀なくされ、これを土砂と可燃物に分けて管理することは、廃棄物管理上非常に有効な手段となります。ツイスターと振動ふるい機を用いた植物根と土との分別については、土、石等の不燃物と植物根等の含有率が様々であるため、除去率という基準では評価できませんが、目視で確認した結果、試験条件が良いもの(振動ふるい機の網目：10 mm)については、土側には根等の可燃物はほとんど混入せず、不燃物としての管理が可能であり、廃棄物管理上は有効な手法と考えられます。なお、粘性の高い土を処理した場合はツイスターで土が砕けず、根側に土が大量に排出されるため、土の性状には注意する必要があります。また、分別した草根等(石、土塊混じり)については、ロータリードライヤーを用いた低温焼却を組み合わせることで、除去物をすべて不燃物として扱うという手法も考えられます。

6.3 除去物の収集と運搬

　除染によって発生した除去物（廃棄物）は、運搬車等によって仮置場等に運搬されます。そのとき、除去物に含まれる放射性物質が人の健康や生活環境に被害を及ぼすことを防ぐため、次の２点からの安全対策が求められます[6]。

① 除去物の積込み・荷降ろし・運搬の際に、放射性物質が飛散・流出をしないこと
② 収集・運搬している除去物からの放射線による公衆の被曝を抑えること

　このうち、①の放射性物質の飛散や流出は、除去物を容器に入れること等によって防ぐことができます。また、②の放射線量については、収集・運搬する除去物の量を減らすことや、遮蔽を行うことによって低減することができます。また、運搬中の除去物に近づくほど、また、近づいている間の時間が長いほど放射線による被曝は大きくなりますので、運搬中に人がむやみに長時間近づかないための措置も必要です。

　こうした安全対策を踏まえて、放射性物質の運搬に関する既存の規則も参考に、除去物の収集・運搬のための要件を整理するとともに、具体的に行うべき内容を検討します。収集・運搬に係る作業者の安全確保に必要な措置については、厚生労働省の「除染等業務に従事する労働者の放射線障害防止のためのガイドライン」[30]を参照してください。

6.3.1　運搬経路の選定

　現場から仮置場等への運搬経路は、運搬距離、運搬時間帯、交通量、道路の幅員、震災による被害状況等を考慮し、地元自治体等と協議したうえで、最も効率的に除去物を運搬できる経路を選定します。

　積雪地域においては、積雪時に運搬が困難になる日数を極力減らすために、急勾配の道路を可能な範囲で除外します。冬期に実施したモデル事業においては、除雪が必要となる場合や、路面凍結のために通常より運搬時間を要する場合が生ずる結果が出ています。このような場合には、仮置場造成前であっても、除去物を先行的に仮置場近傍まで運搬し、そこで一時的に保管することや、雪解けまでの期間、除染実施対象地区に一時的に保管するといった対策をとることが考えられます。運搬経路が未舗装の場合は、ダンプトラック等の通行のために、必要に応じて砂利を敷

設するなどの措置を施す必要があります。

　除染作業開始前に仮置場・現場保管場の整備が完了していない場合、あるいは除染物を発生場所から仮置場・現場保管場に直接搬入することが非効率であると考えられる場合においては、除染実施対象地区内に一時集積所を設け、そこに一時保管することもできます。その際、耐候性のフレキシブルコンテナの周囲をブルーシートで被い、さらにそれが風雨で捲れないように養生します（図 6.20）。一時保管期間が長くなる可能性がある場合は、立ち入り禁止柵と明示版を設置します。作業員の被曝低減の観点から、表面線量率の高い除去物（ホットスポットからの除去物等）については、カラーコーン等で囲って表示するといった工夫を行います。

図 6.20　一時保管の状況（例）[12]

6.3.2　除去物の収集と運搬のための要件
（1）　除去物の飛散・流出・漏れ出し防止のための要件

　除去物中の放射性物質の飛散・流出・漏れ出しについては、除去物を土のう袋、フレキシブルコンテナあるいはドラム缶等の容器（以下、容器）に入れることによって防ぐことができます。容器類の例を図 6.21 に示します。この中で、フレキシブルコンテナが最も使用されています。

土のう　　シート　　フレキシブルコンテナ　　ドラム缶

図 6.21　収集・運搬用の容器の例[6]

　運搬には、有蓋車あるいは除去物に覆いをしてダンプトラックで運搬することにより防止することができます。水分を多く含んでいる場合は、可能な範囲で水切りを行いますが、水を通す容器を用いる場合は、防水性のシートを敷いて漏水を防ぐとともに、除去土に雨水が浸入することを防止するため、遮水シートで覆うなどの

措置が必要です。

運搬中に適切な遮蔽が行われているかどうかの基準として、図6.22に示すように、運搬車の表面から1m離れた位置での最大の線量率が100μSv/hを超えないこととされています。

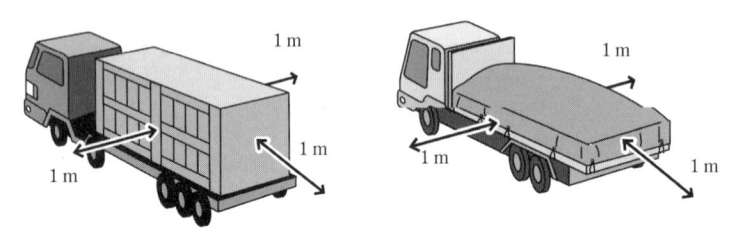

図6.22　運搬車の線量率の測定箇所のイメージ[12]

万が一、積込みや荷下ろし、運搬中の転倒や転落による流出があった場合には、人が近付かないように縄張りするなどをしてから、速やかに事業所等に連絡するとともに、流出した除去物を回収します。除去物を運搬車に積込む時には、できるだけ運搬車の表面に除去物が付着しないよう心がけます。除去物を現場保管している場所や仮置き場から運搬車が出発する際には、あらかじめ決めておいた洗車場所で運搬車の表面やタイヤ等を洗浄します。

(2)　**放射線の遮蔽のための要件**

放射線の強さは放射性物質の濃度や量によって変わります。すべての除去物の放射性物質の濃度を測定することは現実的ではないため、ここでは、想定される上限濃度の除去物を安全に収集・運搬を行うために必要な遮蔽を考えます。また、放射能濃度や量が同じであっても、放射性物質が収納されている容器の材質・形状が異なると放射線の強さが異なることにも留意が必要です。

運搬中に適切な遮蔽が行われているかどうかの基準として、前述のように、運搬車の表面から1m離れた位置での最大の線量率が100μSv/hを超えないこととされています。この基準は、公衆の防護の観点においても妥当と考えられますので、除去物を運搬するに当たっては、除去物を積載した運搬車の表面から1m離れた位置での最大の線量率が100μSv/hを超えないことを確認します。これを超えている場合は、遮蔽措置を行うか、あるいは運搬する除去物の量を減らすなどの措置を施します。運搬に用いる車両については関係法令を遵守する必要がありますので、遮蔽を行うための運搬車の改造等を行う際には、最寄りの運輸局等に適宜相談する必要があります。

(3) その他の要件

　除去物を収集し運搬車で運搬する際は、爆発性のものや引火性のものといった危険物を一緒に積載することはできません。除去物を確実に運搬先へ運ぶために、除去物の積み込みや荷下ろしは運搬者または運搬者が指示した作業者が行います。

　除去物の運搬中には、人が近付き被曝することを防止するために、運搬車の車体の外側に、除去物の収集または運搬の用に供する運搬車であること、収集または運搬を行う者の氏名または名称を記した標識を、容易に剥がれない方法で見やすい箇所に付けておくことが求められます。また、運搬車には、委託契約書の写し、収集または運搬を行う者の氏名や除去物の数量、収集または運搬を開始した年月日、運搬先の場所の名称、取り扱いの際に注意すべき事項や事故時における応急の措置に関する事項等を備え付けておきます。

　このほか、人の健康または生活環境に係る被害が生じないように、運搬ルートの設定に当たっては、可能な限り住宅街、商店街、通学路、狭い道路を避けるなど、地域住民に対する影響を低減するよう努めるほか、混雑した時間帯や通学通園時間を避けて収集・運搬を行うよう努める必要があります。

6.3.3　収集・運搬に関する留意事項

　除染対象区域から仮置場あるいは現場保管場までの運搬はダンプトラック(積載重量10t)を使用することが想定されます。その経路を選定する際には、関係自治体や地元住民の方々の意向や要請や、運搬距離、交通量、道路の幅員、震災による被害状況等を考慮し、最も効率的に除去物を運搬できる経路を選定します。その際の留意点は、以下のようにまとめることができます。

① 関係自治体や地元住民の方々から運搬時間帯や運搬経路を指定されることが考えられます。

② 冬期においては、積雪地域では、除雪が必要となる場合や、路面凍結のために通常より運搬時間を要することを想定する必要があります。このような場合には、仮置場造成前であっても、除去物を先行的に仮置場近傍まで運搬し、そこで一時的に保管することや、雪解けまでの期間、除染対象区域に一時的に保管するといった対策をとることが考えられます。

③ 仮置場・現場保管場の設置場所によっては、幅員や路面状態がダンプトラック(積載重量10t)での運搬に適していない運搬経路しか選択できない場合があります。その場合は、搬入経路の整備を事前に実施するケースと運搬方法

を変更する(車両サイズを小さくするなど)ケースを比較考量し、効率的な方法を選択する必要があります。

第7章
仮置場・現場保管場の整備と維持管理

7.1 除去物の保管場に関する基礎事項

7.1.1 保管場に関する基本的な考え方

　福島原発事故で放出された放射性物質(放射性セシウム)による環境汚染の除染作業に伴って発生する除去物は、最終処分するまでの間、適切に保管しておく必要があります。放射性物質を含んだ除去物の保管に関する規定は、放射能汚染対処特措法の第41条第1項に定められています。本節では、除去物の保管の規定等に関する省令等に基づいて、除去物の仮置場等の設置と維持管理に関する基本的な考え方について検討します。現在、保管の形態としては、次の3つが考えられています。
　① 仮置場：市町村またはコミュニティ単位で設置した仮置場で保管する形態
　② 現場保管場：除染した現場等で保管する形態
　③ 中間貯蔵施設保管：大量の除去土壌等が発生すると見込まれる福島県にのみ設置

　①の仮置場および②の現場保管場における保管を対象に、除去物の量や放射性物質の濃度(以下、濃度と表記した場合は除去物中の放射性物質の濃度を表します)に応じ、安全に保管するために必要な要件を整理します。放射性物質による人の健康や生活環境への影響を防ぐためには、以下の2つの安全対策が求められます。
　① 施設要件：除去物の量や濃度に応じて安全が確保できる保管施設を設置すること
　② 安全要件：除去物の搬入中や搬入後に適切な安全管理を行うこと。また、何らかの不具合があった場合は対策を行うこと

(1) 保管施設の設計

　安全が確保できる施設を造るためには、設計した個別の施設について安全評価を

行う方法と、代表的と考えられる仮想の施設に対する安全評価を行い、施設の要件をあらかじめ定めたうえで、個別の施設はそれらの要件を満たすことを求める方法の2通りがあります。多数の保管場(仮置場や現場保管場)を迅速に設計・設置することが求められる現状を踏まえると、基本的には後者の方法が合理的と考えられます。

なお、ここでいう安全評価とは、除去物の濃度や量、施設の仕様、安全管理の内容を踏まえて、施設の周辺に住む人(公衆)や作業者が被曝する様々な状態(被曝シナリオ)を想定し、これらの被曝シナリオに基づいた公衆や作業者の被曝線量を計算し、あらかじめ定められたレベル(1 mSv/年以下)を満足することを確認することです。

(2) 安全管理(監視)

除去物の搬入開始から、保管期間が終了して除去物が撤去されるまでの間、管理要件に沿った安全管理を行うことによって、放射線や放射性物質が人の健康や生活環境に影響を及ぼさないことを監視します。そして、何らかの問題が確認された場合は、施設の補修を行うなどの措置をとり、速やかに安全を継続します。また、仮置場や現場保管場において一時的に保管した後は、撤去した施設の跡地に汚染が残っていないことを確認することも重要な安全管理のひとつです。

7.1.2 保管施設に要求される要件(施設要件)

安全に保管を行うための施設に求められる要件(以下、施設要件)を検討します。除去物を保管するときは、その濃度、量または保管の方法に応じて適切な安全対策をとり、人の受ける線量を低減しなければなりません。ここでは、除去物を保管する場合に共通的に適用すべきと考えられる安全対策に基づいた施設要件を整理します。なお、作業者の安全確保に必要な措置については、厚生労働省の「除染等業務に従事する労働者の放射線障害防止のためのガイドライン」[30]を参照してください。

福島原発事故においては、年間の線量が1 mSv/年から20 mSv/年の除染実施区域から発生する除去物に含まれる放射性物質のほとんどは放射性セシウムと考えられますので、施設を設計する際には、とくに、以下に掲げる放射性セシウムの特性を踏まえる必要があります。

① 放射性セシウムはガンマ線を発生するため、濃度に応じて適切な放射線の遮蔽と居住地域からの離隔距離の確保が必要になること
② 一般的に、土壌(土粒子)への吸着性が高いため、放射性セシウムは表土付近

に滞留し、数年程度では地下水による移動はほとんど考えられないこと
③ 放射性セシウムが吸着した除去物そのものが風雨等によって移動する可能性があること

(1) 遮蔽と離隔

除去物からはガンマ線が発生するので、人の住居場所等から施設を離隔することや、土で覆うこと（覆土）等によって、放射線による公衆の追加被曝線量を抑えるための措置が必要です。安全性を考慮した仮置場の概念図を図7.1に示します。また、仮置場（現場保管場も含む）が具備すべき安全対策の基本事項を表7.1にまとめまし

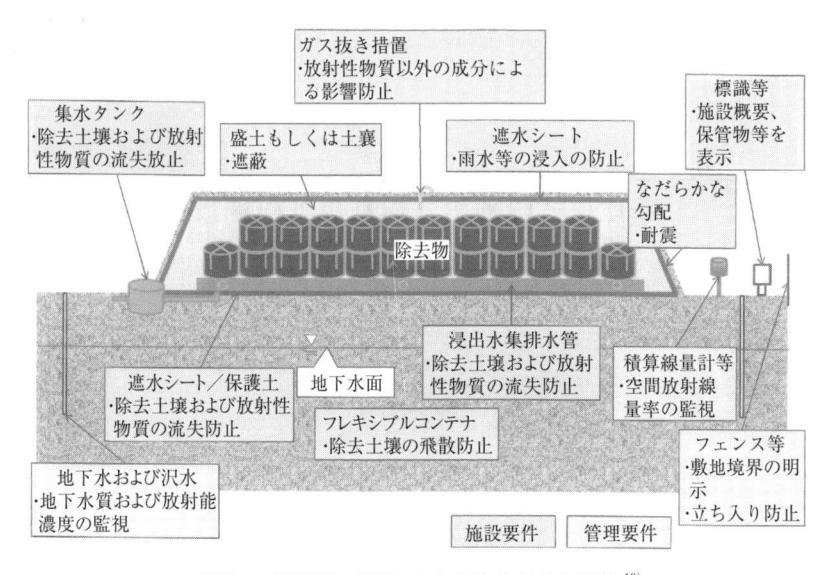

図7.1 仮置場に必要とされる安全対策と要件[12]

表7.1 仮置場が具備すべき安全対策の基本事項[6]

仮置場・現場保管場における安全対策の基本事項
① 放射性物質の飛散・流出・地下浸透の防止（遮水層、容器等）
② 遮蔽による放射線の遮断（盛土、土のう等）
③ 接近を防止する柵等の設置（柵等）
④ 空間線量率と、地下水の継続的なモニタリング（放射性物質の監視機能）
⑤ 異常が発見された際の速やかな対応
※③〜⑤については仮置場にのみ適用される基準で

た。

　除去物の搬入終了後に、施設の敷地境界の外での放射線量が周辺環境と概ね同程度となり、除去物の搬入中においても除去物からの放射線による公衆の追加線量が年間 1 mSv/年以下となるように施設を設計します。

　具体的には、必要な離隔距離を踏まえて施設の周囲に敷地境界を設定し、除去物の搬入中や搬入後に、必要に応じて、逐次覆土や盛土、土のう、土を詰めたフレキシブルコンテナ等の遮蔽材を設置することにより遮蔽を行います。とくに、比較的規模の大きい施設の場合は、施設からの放射線をできるだけ抑えるために、除去物の搬入中においても施設の側面や上面に速やかに遮蔽材を設置していくことが必要です。大規模な仮置場における除去物の搬入、積み込み、防水性の覆いをかけて終了するまでの過程を図7.2 に模式的に示します。

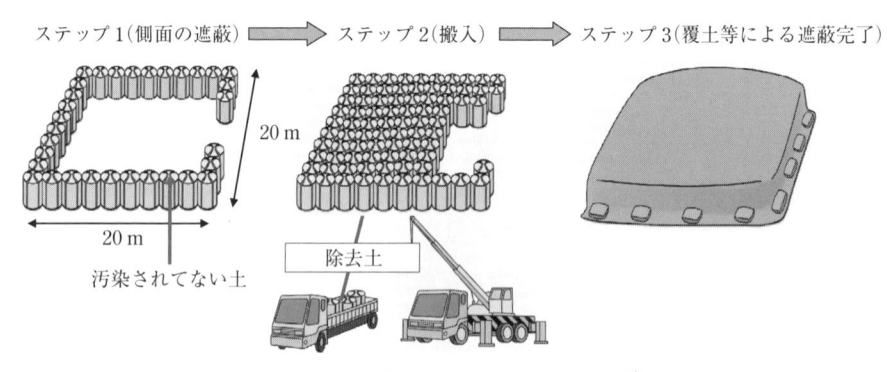

図7.2　大規模な仮置場の搬入イメージ[6)]

　遮蔽は、多くの場合、土やコンクリートが使用され、これら遮蔽材の使用方法の概念を図7.3 に示しておきます。また、これら材料の遮蔽効果として表7.2 の値が目安とされています。

　遮蔽材として土のう等を用いる際は、除去物が入っている袋等と区別がつくようにしておきます。なお、濃度の異なる除去物を同じ施設に保管する場合は、濃度の高い除去

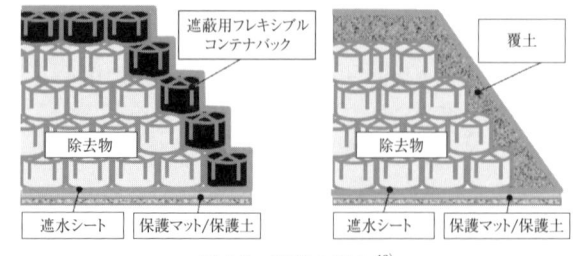

図7.3　遮蔽の概念[12)]

物を施設の中央や底部に置いて、それらを囲むまたは覆うように濃度の低い除去物を配置することによって放射線量を低減することができます。

表7.2 盛土（覆土）とコンクリートの遮蔽効果の目安[6]

遮蔽材料		遮蔽効果（目安）
コンクリート	厚さ30 cm	98.6% 削減
覆土	厚さ50 cm	99.8% 削減
覆土	厚さ30 cm	97.5% 削減

(2) **除去物の飛散防止**

施設内に除去物を搬入する際、放射性物質が飛散しないように、除去物はあらかじめ口を閉じることができる袋や蓋をすることができるドラム缶等の容器に入れておくか、あるいは、防塵用のシートで囲いをしてから搬入する必要があります。その際、耐久性の高い容器に入れておくと、保管期間が終わった後に施設から除去物を取り出す際の飛散を防止することができます。また、除去物の搬入後については、防水シート等による覆いまたは覆土によって除去物の飛散を防止します。

(3) **雨水等の浸入の防止**

降雨により除去物に雨水が浸入すると、放射性物質が流出する可能性がありますので、除去物の搬入中や搬入後は、遮水シート等の防水シートで覆いをし、できるだけ雨がかからないようにします。覆いをする場合は台風や大雨でめくれないようにして、可能であれば中央部をやや高めにして雨水が溜まりにくいようにします。ただし、除去物を防水性を有する容器に入れている場合や屋根付きの施設の場合は特段の措置は不要です。

防水シートや防水性を有する容器を使用する際、覆土や保護マット等による紫外線対策を行わない場合は、耐候性等を考慮して、破損が確認された場合には、適宜取り替えや補修を行う必要があります。遮光性保護マット敷設の例を図7.4に示します。

さらに、除去物の底面に雨水が溜まらないように、遮水シート等を敷く場合は、除去物を遮水シート等よりも高い場所に定置し、水がはけるようにするとともに、搬入中は排水設備を設けて適宜排水します。地下施設は、基本的には地下水位よりも高い場所に設置することにより、湧水等による除去物への地下水の浸入を防止します。

図7.4 遮光性保護マットの敷設状況[12]

(4) 除去物および放射性物質の流出防止

　除去物および放射性物質を含む汚水の流出による土壌や公共用水域および地下水の汚染を防ぐための措置が必要です。一般的に、放射性セシウムは土壌への吸着性が高いことが知られており、土壌中には移行しにくいと考えられますが、仮置場や現場保管場において数年程度保管する場合には、必要に応じて底面に遮水シート等の耐候性・防水性のあるシートを敷くこと等の遮水層を設けることにより、放射性セシウムの流出を防止します。

　遮水シート等を敷く場合は、除去物の搬入の際に破損しないように、必要に応じて除去物と遮水シート等の間に土を盛るなどして保護層を設け、重機を使用する場合は適宜鉄板を敷くなどの養生をします。この際、保護層に放射性セシウムを吸着しやすい粘土やゼオライト等を混ぜると、放射性セシウムの移行をさらに抑えることができます。また、保管期間中、防水機能が保持される容器に除去物が入れられている場合は、防水シートの敷設等の遮水層の設置は省略することができます。

(5) 放射性物質以外の成分による影響防止

　草木が生えている土壌の削り取りにより発生する除去物には、草木の根等の有機物が含まれることが想定されますが、削り取りの前には草刈りを行うこととしており、除去物に混入する根や草等の量は少量であると考えられます。このため、基本的には、有機物の腐敗による可燃性の腐食ガスの発生、温度の上昇、悪臭の発生に対する特段の措置は不要と考えられます。ただし、密封性が高いためガスが抜けない構造の施設や、何らかの理由で多量の有機物の混入が避けられない場合には、悪臭の発生や火災防止のため、必要に応じてガス抜き等の措置を行います。ガス抜き管の設置例を図 7.5 に示します。

(6) 耐　震　等

　遮蔽や閉じ込め等の機能を期待する施設については、想定される地震に対して、機能を損なわない設計とするとともに、壊れた場合の対処法を定めておくことが求められます。とくに、除去物の入った容器を屋外に積み上げて保管する場合には、側部の勾配がなだらかになるように積み上げます。

(7) その他必要な措置

　放射性物質を含んだ除去物の適正な管理の

図 7.5　ガス抜き管の例

表7.3 仮置場に必要とされる安全対策と要件[6]

施設要件	対応
遮蔽と離隔	除去土壌からはガンマ線が発生するため、施設を住居等から離隔することや、土壌で覆うこと(覆土)等によってこれらの放射線による公衆の追加被曝を抑える措置。
除去土壌の飛散防止	除去土壌を搬入する場合、放射性廃棄物が飛散しないように口を閉じることができる袋やドラム缶に入れておく。搬入後は、覆いや覆土による飛散防止の措置。
雨水等の浸入の防止	降雨等により除去土壌に水が浸入し、放射性物質が流出する可能性があるため、遮水シート等の防水シートで覆うなどの措置と地下水位より高い所に設置するなど地下水の浸入防止の措置。
除去土壌および放射性物質の流失防止	除去土壌を含む汚水が流出ないように底面に遮水シート等を敷くなどの措置。
放射性物質以外の成分による影響防止	有機物の腐敗による可燃性のガスの発生の恐れがある場合は、必要に応じて火災防止や悪臭防止の措置。
耐震等	想定される地震に対して、機能を損なわない設計。

ため、除去物がその他のものと混合する恐れのないように、他のものと区分して保管します。

以上の保管施設に要求される安全対策と要件をまとめると表7.3のようになります。

7.1.3 保管施設の管理に要求される要件(管理要件)
(1) 立ち入り制限

放射線による障害防止のため、除去物の仮置場への搬入中においても、除去物からの追加線量が年間1 mSv/年を超えない場所を敷地境界とすること、施設内にみだりに人が入らないように敷地境界には柵等の囲いを設けること、および除去物の保管の場所である旨と緊急時の連絡先を記入した掲示板を設置することが必要です。なお、自宅や学校等の敷地内で行われる現場保管等については、囲いや掲示板についての特段の措置は不要です。

(2) 放射線量等の監視および修復措置

除去物の搬入中や搬入後、安全に保管されていることを確認するために、敷地境界の空間線量率のモニタリングを定期的に実施し、搬入中に除去物による追加線量が1 mSv/年を超えないことや、搬入後に概ね周辺環境と同程度となることを確認し、

その結果を記録します。

　除染現場で行われる現場保管については、除去物の搬入後の保管開始時にモニタリングおよび記録を行います。また、仮置場における保管については、週に一度以上測定することを基本とし、大雨や台風があった際は適宜測定を実施します。なお、空間線量率の測定に当たっては、シンチレーション式サーベイメーターを用いることを基本とします。また、施設からの放射性物質の流出を監視するため、施設周辺の地下水のモニタリングを適切な頻度で実施し、その結果を記録します。なお、必要に応じて施設底部からの浸出水のモニタリングを行うことも考えられます。

　具体的な地下水のモニタリングの方法としては、施設の周縁の地下水の水質への影響の有無を判断することができる場所から地下水を採取するため、施設周辺に採水管を設け、除去物の搬入時から、月に一度以上の頻度で採取した地下水の水質検査（地下水中の放射性セシウム等の濃度を測定）を行います。

　浸出水のモニタリングを行う場合には、施設底部の保護層の中に集水排水管を設けるなどして浸出水を集水し、月に一度以上の頻度でタンク等に水が溜まっているかどうかを確認し、溜まっている場合は浸出水を採取し、採取した浸出水中の放射性セシウの濃度を測定します。

　除去物の搬入開始後（保管開始後）の仮置場において測定した空間線量率や地下水等に含まれる放射性セシウムの濃度は、仮置場に除去物を搬入する前（保管開始前）の状態での空間線量率や濃度（バックグラウンド値）の変動幅と比較します。変動幅の目安としては、測定値が「バックグラウンド値の平均値＋（3×標準偏差）」を基本とします。

　したがって、仮置場に除去物を運び込む前にバックグラウンド値を把握しておくことが必要です。とくに、空間線量率については、測定場所によって変動することに加え、雨天時には自然由来の放射性物質からの放射線量が増えることもありますので、正確なバックグラウンド値を把握するために、雨天の日も含めて、多くの測定点においてデータを取得しておきます。十分な数のバックグラウンド値を取得することが困難な場合は、取得されたバックグラウンド値の最小値と最大値の幅を変動幅とします。

　測定結果の確認の結果、測定値がバックグラウンド値の変動幅に入っていれば、除去物が安全に搬入され、保管されていることを意味します。変動幅を上回る測定値が観察された場合は、原因究明を行い、仮置場がその原因であると認められた場合には、遮蔽材の追加、施設の補修、除去物の回収等の必要な措置を講じます。

(a) 搬入作業完了　　　　　　(b) シートにて全体を被覆

図 7.6　一時的な現場保管(地下保管)の例 [6]

　なお、仮置場に比べて保管量が比較的少量である除染現場等で行われる保管においては、搬入後および除去物が撤去された後の空間線量率を各一度測定・確認することとし、保管期間中における地下水等のモニタリングは不要です。汚染現場で用いる一時的な地下保管の例を図 7.6 に示します。

(3)　記録の保存

　除去物の保管を行う者は、次の事項を記録し、施設の廃止まで保管します。

① 保管した除去物の量
② 除去物ごとの保管を開始した年月日および終了した年月日
③ 受入先の場所および保管後の持出先の場所の名称および所在地
④ 引渡しを受けた除去物に係る当該除去物を引き渡した担当者および当該除去物の引渡しを受けた担当者の氏名
⑤ 運搬車を用いて当該引渡しに係る運搬が行われた場合は、当該運搬車の自動車登録番号または車両番号
⑥ 当該保管の場所の維持管理に当たって行った測定、点検、検査、敷地境界線(囲い)の位置および測定点の位置
⑦ 空間線量率の測定年月日と測定方法および測定に使用した測定機器
⑧ 空間線量率の測定結果(バックグラウンド、敷地境界における空間線量率)
⑨ 測定を行った者の氏名または名称

　こうした記録は、仮置場や中間貯蔵施設への運搬や保管の際のトレーサビリティを確保するうえでも重要です。

(4)　跡地の汚染がないことの確認

　保管期間が終了し除去物を回収・撤去した後、施設の跡地に汚染が残っていないことを確認します。具体的には、除去物が置かれていた場所の土壌を採取して、土

壌中に含まれる濃度を測定し、測定値が、除去物を搬入する前の土壌等の濃度と概ね同程度であることを確認します。ただし、現場保管の場合には、空間線量率の測定によって代替することも可能です。

7.2 仮置場・現場保管場の建設

　モデル事業の開始段階においては、仮置場と現場保管場（本書では両者を合わせて、仮置場等）の施設整備や維持管理に関する国の方針が示されていませんでした。そのため、一般廃棄物や産業廃棄物の最終処分場の設計事例等を参考にして、暫定的な仮置場や現場保管の概念を検討しました。その後、国より除染関係ガイドラインが策定され、仮置場等の整備や維持管理について具体的な方策が示されました。本節においては、除染関係ガイドラインを基本とし、それにモデル事業で明らかとなった事項を加味して、仮置場等の設計や建設に関する基本概念と方法についてまとめます。

7.2.1　仮置場・現場保管場の場所の選定
(1)　基本的な考え方
　除染作業に伴い発生した除去物は、中間貯蔵施設へ搬出されるまでの間、適切に保管しておくことが必要です。モデル事業に伴い発生した除去物は、除染関係ガイドラインに従い、次の2つの形態で保管します。
　① 現場保管場：除染した現場等で保管する形態
　② 仮置場：市町村またはコミュニティ単位で設置した仮置場で保管する形態
また、前節で述べたように、仮置場・現場保管場については、次の2つの安全対策が求められます。
　① 施設要件：除去物の放射性物質濃度や量に応じて安全が確保できる保管施設を造ること
　② 管理要件：除去物の搬入中や搬入後に適切な安全管理を行うこと。また、何らかの不具合があった場合は対策を実施すること
除染モデル事業においては、上記の2つの安全要件に適合した仮置場等を建設することを保管施設の設計思想としています。

7.2 仮置場・現場保管場の建設

(2) 場所選定から維持管理までの全体の流れ

仮置場・現場保管場の選定、設計・建設、完成、管理に至る概略的な全体の流れを図7.7に示します。

(3) 仮置場・現場保管場の場所の選定

仮置場・現場保管場の場所の選定に当たっては、候補地の選択肢を広げるために、安全確保を大前提とし、自治体や地元住民の要望を踏まえて、地形や土地利用状況等を考慮して選定することが肝要です。また、あらかじめ除去物の発生量を見積ったうえで、所要の面積を確保できる地点を選択します。仮置場・現場保管場の選定の手順を図7.8に示します。

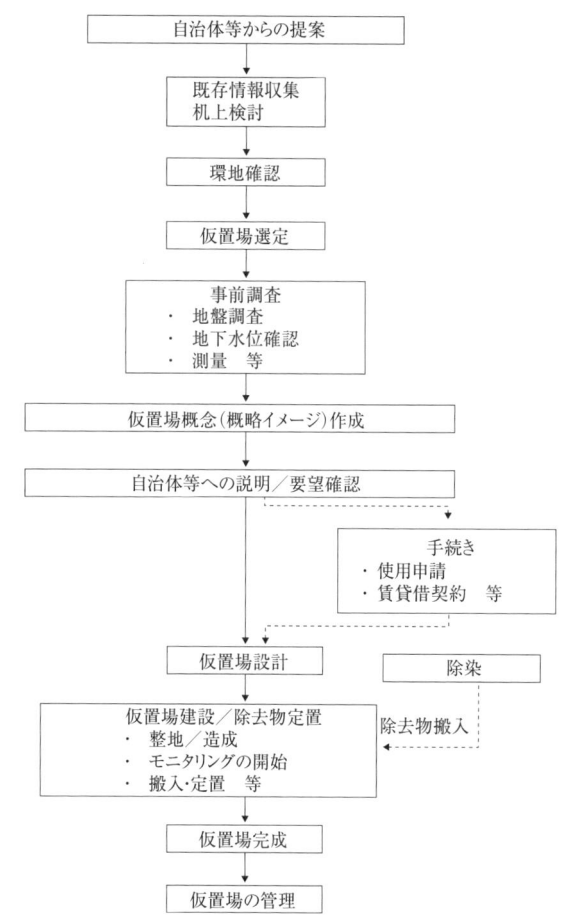

図7.7 仮置場・現場保管場の選定、設計・建設、完成、管理に至る全体の流れ

7.2.2 仮置場・現場保管場の設計・建設
(1) 仮置場・現場保管場の形式

仮置場・現場保管場の形式を選定する際には、関係自治体や地元住民の方々の要望や、地形、土地利用状態、面積等を考慮する必要があります。形式選定時の手順を図7.9に示します。地上保管型や地下保管型、半地下保管型といった形式を選定

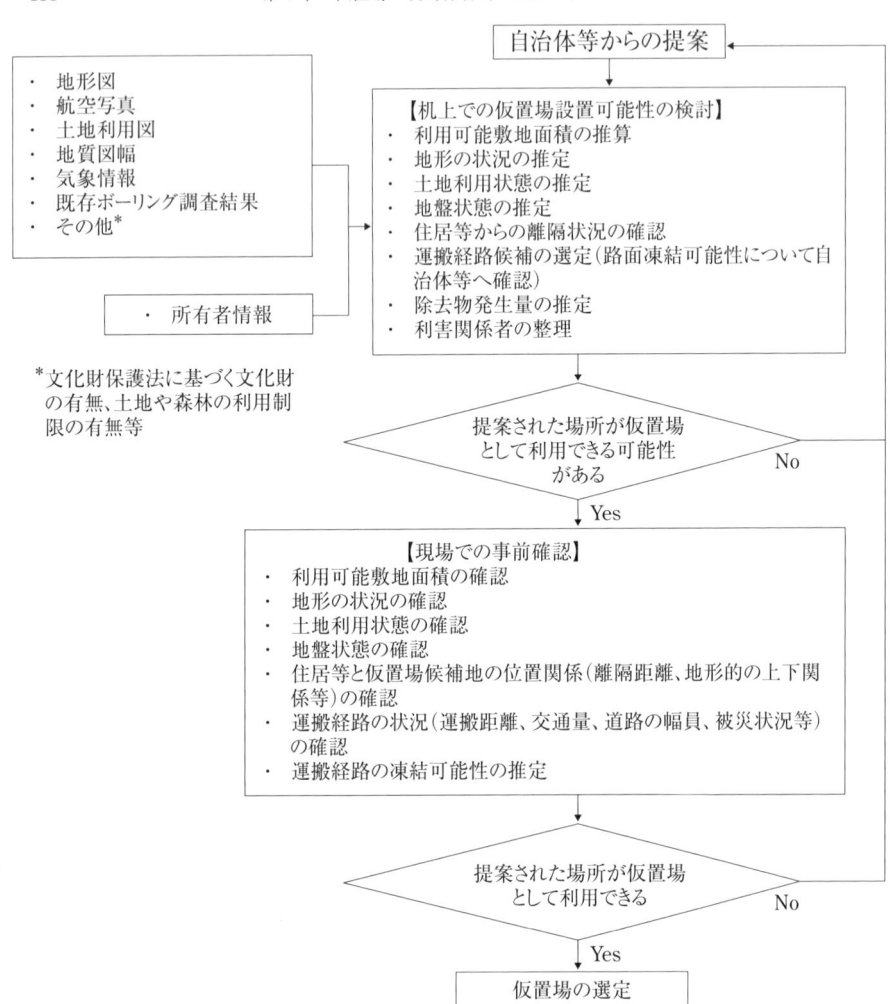

- 地形図
- 航空写真
- 土地利用図
- 地質図幅
- 気象情報
- 既存ボーリング調査結果
- その他*

・所有者情報

*文化財保護法に基づく文化財の有無、土地や森林の利用制限の有無等

自治体等からの提案

【机上での仮置場設置可能性の検討】
- 利用可能敷地面積の推算
- 地形の状況の推定
- 土地利用状態の推定
- 地盤状態の推定
- 住居等からの離隔状況の確認
- 運搬経路候補の選定(路面凍結可能性について自治体等へ確認)
- 除去物発生量の推定
- 利害関係者の整理

提案された場所が仮置場として利用できる可能性がある → No
↓ Yes

【現場での事前確認】
- 利用可能敷地面積の確認
- 地形の状況の確認
- 土地利用状態の確認
- 地盤状態の確認
- 住居等と仮置場候補地の位置関係(離隔距離、地形的の上下関係等)の確認
- 運搬経路の状況(運搬距離、交通量、道路の幅員、被災状況等)の確認
- 運搬経路の凍結可能性の推定

提案された場所が仮置場として利用できる → No
↓ Yes

仮置場の選定

図7.8　仮置場・現場保管場の選定の手順

する際、表7.4に示す各形式の長所、短所に留意します。また、図7.10に地上保管型、地下保管型および準地下保管型の仮置場のイメージを示します。

7.2 仮置場・現場保管場の建設

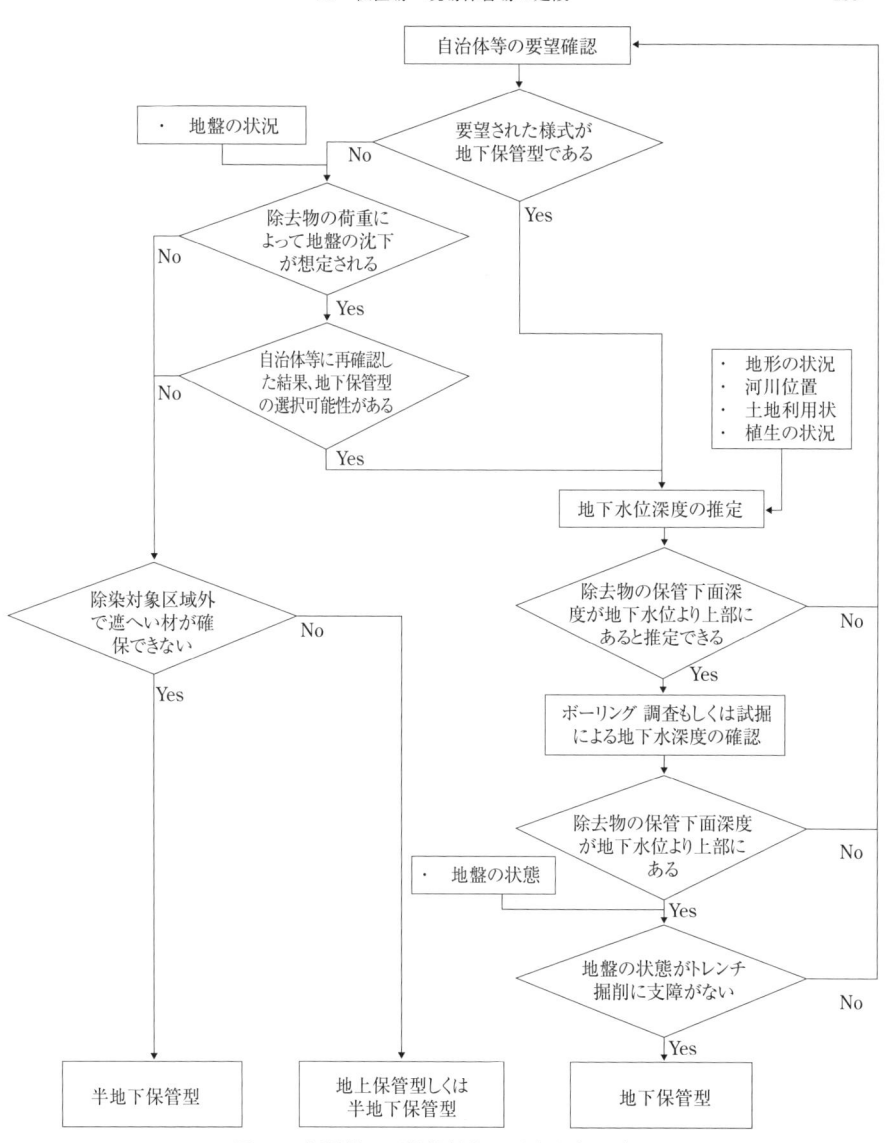

```
                    ┌──────────────┐
                    │ 自治体等の要望確認 │◄──────────────────────┐
                    └──────┬───────┘                          │
                           │                                   │
                    ╱─────────────╲                           │
                   ╱ 要望された様式が ╲ No                       │
   ・地盤の状況 ───▶╲ 地下保管型である ╱──────┐                  │
                    ╲─────────────╱        │                  │
                           │ Yes            │                  │
                    ╱─────────────╲         │                  │
                   ╱ 除去物の荷重に ╲        │                  │
              No  ╱ よって地盤の沈下 ╲       │                  │
              ◄──╲ が想定される      ╱      │                  │
                   ╲─────────────╱         │                  │
                           │ Yes            │                  │
                    ╱─────────────╲         │                  │
                   ╱ 自治体等に再確認し ╲     │                  │
              No  ╱ た結果,地下保管型 ╲      │                  │
              ◄──╲ の選択可能性がある  ╱     │                  │
                   ╲─────────────╱         │                  │
                           │ Yes            │                  │
                           │                │     ・地形の状況    │
                           │                │     ・河川位置      │
                           │                │     ・土地利用状     │
                           │                │     ・植生の状況    │
                           │                │                  │
                           │        ┌───────┴──────┐          │
                           │        │ 地下水位深度の推定 │          │
                           │        └───────┬──────┘          │
                           │                │                  │
                           │         ╱─────────────╲           │
                           │        ╱ 除去物の保管下面深 ╲ No    │
                           │       ╱ 度が地下水位より上部 ╲──────┤
                           │       ╲ にあると推定できる    ╱      │
                           │        ╲─────────────╱            │
                           │                │ Yes               │
                           │       ┌────────┴────────┐          │
                           │       │ ボーリング 調査もしくは試掘 │          │
                           │       │ による地下水深度の確認 │          │
                           │       └────────┬────────┘          │
                           │                │                   │
                           │         ╱─────────────╲            │
                           │        ╱ 除去物の保管下面深度 ╲ No    │
              ・地盤の状態   │       ╱ が地下水位より上部に  ╲──────┤
                  │        │       ╲ ある                 ╱       │
                  │        │        ╲─────────────╱              │
                  ▼        │                │ Yes                 │
           ╱─────────────╲ │         ╱─────────────╲              │
          ╱ 除染対象区域外 ╲│        ╱ 地盤の状態がトレンチ ╲ No      │
         ╱ で遮へい材が確  ╲ No      ╲ 掘削に支障がない    ╱────────┘
         ╲ 保できない     ╱───┐       ╲─────────────╱
          ╲─────────────╱    │              │ Yes
                │ Yes         │              │
                ▼             ▼              ▼
          ┌──────────┐  ┌───────────┐  ┌──────────┐
          │ 半地下保管型 │  │ 地上保管型しくは │  │ 地下保管型  │
          │          │  │ 半地下保管型  │  │          │
          └──────────┘  └───────────┘  └──────────┘
```

図 7.9 仮置場・現場保管場の形式選定の手順

第7章　仮置場・現場保管場の整備と維持管理

表7.4　仮置場・現場保管場の各形式における長所、短所

	長　　　所	短　　　所
地上保管型	・中間貯蔵施設等への搬出作業が容易 ・設置完了後の除去物の移動が容易（点検・補修が容易） ・傾斜地の場合、斜面を利用した設置が可能	・他の地域において遮蔽用の土壌の確保が必要 ・地盤が軟弱な場所に設置する場合、地盤改良が必要
地下保管型	・遮蔽用の土壌を現場で確保することが可能（地表を除く掘削土は放射能濃度が低い） ・地盤が軟弱な場所でも地盤改良なしで設置することが可能 ・覆土部分の補修・点検が容易 ・景観の維持が可能	・地下部分の掘削造成に時間を要する ・除去物を地下水位より下部に設置しようとする場合、地下水浸入防止対策や地下水位低下対策が必要 ・除去物取り出しの際に掘り出し等の作業が必要
半地下保管型	・地上部分と地下部分を合わせると比較的段数を積むことができるため、小さい面積の場所でも定置量を増やすことが可能 ・地下部分に高濃度の除去物を定置し、地上部分に比較的濃度の低い除去物を定置することで、容易に遮蔽が可能 ・遮蔽用の土壌を現場で確保することが可能（地表を除く掘削土は放射能濃度が低い）	・地下部分の掘削造成に時間を要する ・地上部分と地下部分の境に雨水浸入対策が必要 ・除去物を地下水位より下部に設置しようとする場合、地下水浸入防止対策や地下水位低下対策が必要

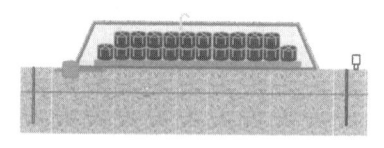

地上保管型（平坦地の場合）　　　地上保管型（斜面の場合）

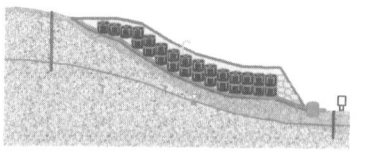

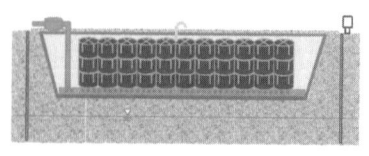

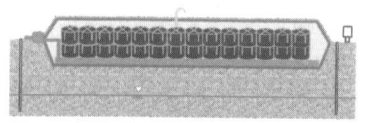

地下保管型　　　半地下保管型

図7.10　様々な仮置き場のイメージ[12]

(2) 地形に応じた設計

地形に応じた設計上の留意点を以下に示します。

① 平坦地の場合は、仮置場の配置や形状といった設計が最も柔軟に実施できます。

② 傾斜地の場合は、傾斜に応じて下部に土留めや堰堤等を設置する必要があります。また、斜面勾配に応じて、切土、盛土による造成が必要となる場合があります。

③ 谷地形の場合は、天然のトレンチとみなせることから、左右岸側の遮蔽措置は不要となります。しかし、降雨による沢水および施設左右の斜面の表流水を確実に下流に流下させる措置(上下流側に堰堤を設置し沢底部に排水パイプを敷設、上面左右岸に側溝を設置)を講じることが必要になります。

地形を利用した仮置場の構造および建設の例を図 7.11 および図 7.12 に示します。

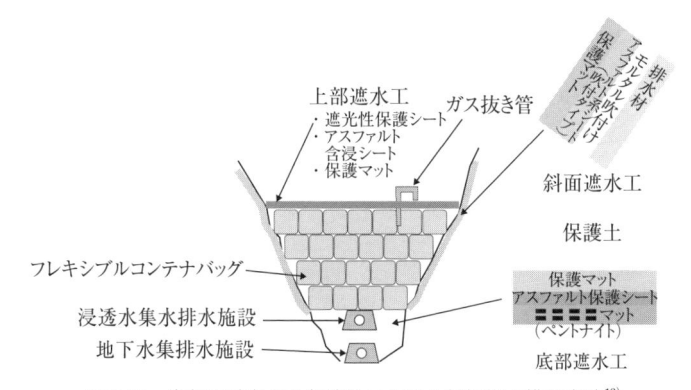

図 7.11 岩盤が露出する急峻地における仮置場の構造(例)[12]

(3) 土地利用状態に応じた設計

土地利用状態に応じた設計上の留意点を以下に示します。

① 学校等のグランドを仮置場等にする場合は、グランド建設時に地盤の状況が把握できていることや排水機構が整備できていることから地下水の監視が容易となります。

② 軟弱地盤を利用する場合は、除去物の荷重による地盤沈下が懸念されるため、地盤改良を行ったうえで地上保管を行うか、半地下・地下保管とするかを比較検討します。

③ 休耕田を利用する場合に地下保管式を採用すると、仮置場・現場保管場の設

掘削造成 → 地下水集排水管敷設 ↓

自己修復マット敷設 ← 斜面遮水シート敷設

除去物定置 → 保護土敷設

図 7.12 急峻地における仮置き場の設置状況(楢葉町)[12]

置深度から、田の鋤床層よりも深い地下まで利用するため、利用した後の土地利用方法の考慮が必要と考えられます。

地上型、地下型および半地下方の仮置き場等の状況を図 7.13、7.14 に示しておき

|建設中|完成後|

図7.13 地上仮置き場・現場保管場の建設例 [12]

(4) 除去物発生量に応じた設計

除去物発生量を推定することは、仮置場等の選定ならびに設計をするうえで重要な事項です。除去物の発生量の推定には、除染対象区域の面積と、土壌等の剥ぎ取り厚さから見積もることになります。また、汚染状況の違い、除染工法の変更等に伴い、除去物発生量の見積りと実績が大きく異なる可能性があります。

図7.14 半地下式の仮置場への除去物搬入と定置の例 [12]

モデル事業において、除染対象地区ごとに除去物の見積もりと実績を比較したのが表7.5です。地区によっては、発生した除去物の発生量(実績)と事前に見積もった発生量との間に大きな差が生じているケースが認められます。

例えば、浪江町津島地区や田村市の場合では、除染前の発生量の見積りに対し、実績の発生量が下回っています。南相馬市や富岡町等の場合では、除染前の発生量の見積りに対し、実績の発生量が増大しています。いずれのケースも、見積りと実績の差は不燃物に起因しています。

その主な原因は、適用する除染手法の変更により、土壌の剥ぎ取り厚さが当初計画時の厚さから変更された場合が多いようです。なお、飯舘村の場合は、事業開始後、除染実施地域の見直しが行われ、田畑を多く有する地域を本事業での除染対象

表7.5　除去物発生量の見積りと実績および定置面積

除染実施対象地区	除去物発生量（袋）				定置面積 (m²)
	見積り		実績		
	不燃物	可燃物	不燃物	可燃物	
南相馬市	約 800	約 6,000	2,541	1,575	約 2,200
浪江町津島地区	約 2,350	約 450	1253	473	約 1,000
浪江町権現堂地区	約 2,900	約 1,000	1670	569	約 1,400
飯舘村	約 15,500	約 2,800	2,732	2,143	約 1,900
川俣町	約 4,540	約 1,500	1,652	1,258	約 1,400
富岡町夜の森公園	約 910	約 900	2,105	951	約 1,300
富岡町富岡第二中学校	約 510	約 70	1306	0	約 500
葛尾村	約 560	約 1,350	1,058	606	約 1,100
田村市	約 760	約 2,500	184	387	約 700
大熊町役場周辺	約 750	約 190	1,340	533	約 4,200
大熊町夫沢地区	約 6,500	約 2,800	10,588	2,646	
楢葉町南工業団地	約 600	約 500	611	1,607	約 700
楢葉町上繁岡地区	約 1,000	約 500	1,499	284	約 2,000
広野町	約 3,200	約 700	4,912	1,111	約 2,400
川内村	約 3,800	約 1,400	3,280	1,091	約 2,300

から削除したため、不燃物の発生量は見積りに比べて大きく減少しています。

　以上のようなことから、仮置場・現場保管場予定地の全体を一度に造成したり、掘削したりするのではなく、複数のヤードを設定し、除去物の発生状況に応じて段階的に建設する方が合理的であると考えられます。

　仮置場・現場保管場ごとに定置高さ等の違いはあるものの、除去物発生量と定置面積とは、おおよそではありますが図7.15に示すような相関があります。また、定置面積、除染実施地域の面積の0.5～2％程度（平均1.3％）となっています。

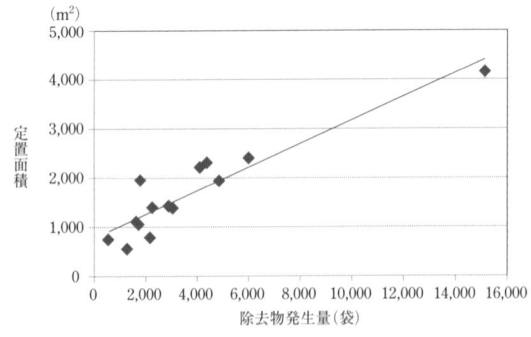

図7.15　除去物発生量と定置面積の関係[12]

7.2.3 仮置場・現場保管場の仕様
(1) 遮　　蔽
　遮蔽については、30 cm 以上の厚さを有する覆土もしくはコンクリートを用いることにより十分な遮蔽効果を期待できます（表7.2）。覆土を用いる場合は、主に以下の2つの方法が考えられます。
　① 遮水シートの内部に遮蔽覆土を設置する方法
　② 遮水シートの外部に遮蔽覆土を設置する方法（除去物を遮水シートで覆ったうえで、その周りに汚染していない土を充填した耐候性のフレキシブルコンテナを配置する方法）
　この2つの方法については、それぞれ以下の点に留意する必要があります。
　① 遮水シートの内部に遮蔽覆土を設置する場合には、遮水シートの耐紫外線対策を考慮する必要があります。これに対しては次の方法で対処できます（図7.4）。
　　・耐候性シートの使用
　　・遮水シートの外に遮光性の保護マットもしくは保護土の設置
　② 遮水シートの外部に遮蔽覆土を設置する方法は、遮水シートの紫外線による劣化および鳥獣による破損を防ぐことができます。遮蔽用の土が除去物と接触することがないため、中間貯蔵施設への搬入時に汚染物として取り扱う必要はないといったメリットがあります。
　仮置場内の除去物からの放射線は、外側の除去物によって遮蔽されることから、放射線量が高いものは極力中央部に配置することが外周の放射線量を下げるうえで有効です。そのためには、除去物の発生時期や発生量、濃度の高低の推定値等を考慮した除去物の配置計画を検討する必要があります。さらに、仮置場・現場保管場が人の住居等から充分な離隔の距離を有する場合は、覆土もしくはコンクリートでの遮蔽を省略し、距離により遮蔽を確保することも可能です。
　遮蔽の特徴および遮蔽を除いた仮置き場・現場保管場の仕様の特徴を表7.6、7.7に示します。

(2) 雨水等の浸入の防止および除去物および放射性物質の流出防止
　降水により仮置場・現場保管場に水が浸入すると、放射性物質が流出する可能性があります。また、除去物および放射性物質の流出による土壌や地下水の汚染を防ぐ必要があります。このため、施設の上部、側面、底面に遮水シートを設置することが有効です。

表 7.6 仮置場・現場保管場の遮蔽方法の特徴[6]

			長所	短所
側面	遮水シートの内側	盛土	・遮蔽機能として適切な量を設置可能 ・体積変化への追従が容易	・シートの紫外線ならびに鳥獣害の被害が予見される(→遮光性の保護マットを被覆することで被害を防止可能) ・設置工事が大がかりになる ・取り出し時には盛土の汚染確認が必要であり、汚染があれば中間貯蔵量が増大となる ・万一の補修時には、工事が難となる ・斜面の安定性確保のため、一定の勾配が必要となり、仮置場面積が大きくなる
		フレキシブルコンテナ	・設置および取り出し時の対応が容易 ・設置工事が容易・盛土に比べ斜面勾配を急にでき、仮置場面積の合理化が可能 ・遮水シートの不具合を発見しやすく、補修が容易	・シートの紫外線ならびに鳥獣害の被害が予見される(→遮光性の保護マットを被覆することで被害を防止可能) ・遮蔽機能としては過剰な量が設置される場合もあり得る ・遮蔽用のフレコンが除去物と接触するため、遮へい用フレコン内の土壌も撤去が求められる可能性がある
	遮水シートの外側	盛土	—	—
		フレキシブルコンテナ	・遮水シートを紫外線ならびに鳥獣害から防ぐことが可能	厳寒地においては、フレコン内の土壌が凍結融解を生じることにより変形し、ズレが生じやすい
天盤	遮水シートの内側	盛土	・遮蔽機能として適切な量を設置可能 ・体積変化への追従が容易	・シートの紫外線ならびに鳥獣害の被害が予見される(→遮光性の保護マットを被覆することで被害を防止可能)・設置工事が大がかりになる。 ・取り出し時には盛土の汚染確認が必要であり、汚染があれば中間貯蔵量が増大となる
		フレキシブルコンテナ	・設置および取り出し時の対応が容易。 ・斜面の設置が容易 ・遮水シートの不具合を発見しやすく、補修が容易	・シートの紫外線ならびに鳥獣害の被害が予見される(→遮光性の保護マットを被覆することで被害を防止可能) ・遮蔽機能としては過剰な量が設置される場合もあり得る ・遮蔽用のフレコンが除去物と接触するため、遮蔽用フレコン内の土壌も撤去が求められる可能性がある
	遮水シートの外側	盛土	・遮蔽機能として適切な量を設置可能 ・設置工事が容易	・除去物の体積減少による沈下が起こった際に遮水シートに荷重がかかる ・万一の補修時には、工事が難となる
		フレキシブルコンテナ	・紫外線ならびに鳥獣害から防ぐことが可能	・除去物の体積減少による沈下が起こった際に遮水シートに荷重がかかる
距離による遮蔽			・設置費用の合理化が可能 ・二次廃棄物の発生量が少ない ・取り出しが容易	・仮置場の面積の確保が必要 ・近傍では線量が高くなり、住民感情として受け入れられない場合あり

7.2 仮置場・現場保管場の建設

表 7.7 仮置場・現場保管場の各仕様（遮蔽方法を除く）の特徴[6]

		長 所	短 所
可燃物と不燃物の定置方法	可燃物と不燃物を別ヤードに保管	・中間貯蔵施設への搬出時の分別が容易	・可燃物の火災対策のための仮置場の面積・高さ制限があるため、仮置場面積が必要。
	可燃物と不燃物を同一ヤードに保管	・可燃物と不燃物の配置の工夫により、可燃物フレコンの沈降によるシート表面の凹凸を最小限とすることができる ・火災のリスクが低下する	・可燃物と不燃物の沈降割合が異なるため、遮水シート溶着部への負荷による破れが生じる可能性がある。
直接負荷部分としての法面の活用	あり	・狭隘な敷地でも対応しやすい ・遮蔽が不要	・背面の地下水位が高い場合、遮水シートに水圧が掛かりやすい（⇒法面の遮水施工、場合により地下水対策が必要）
	なし	・法面からの地下水の流入がない	・山間部では、切上面積が多く必要 ・遮蔽部が多く必要
浸出水の貯水方法	集水枡	・仮置場からの流出量、セシウムの流出のモニタリングが容易	・中間貯蔵へ移動するまでの管理が必要 ・セシウム濃度が排水基準を超えた場合の処理装置が必要 ・集水枡の容量の設定が難しい
	堰堤	・大容量の浸出水の貯蔵が可能	・設置面積が多くなる ・中間貯蔵へ移動するまで管理が必要 ・セシウム濃度が排水基準を超えた場合の処理装置が必要
保護土の有無	保護土の敷設あり	・万一のセシウムの漏洩時に、セシウムの吸着層としての機能が期待できる ・底部遮水シートの保護が可能	・仮置場の容量の増加 ・保護土はセシウム汚染の可能性があるため、除去土壌等となる
	保護土の敷設なし	・仮置場の容量の低減 ・汚染のない土の確保が必要ない ・保護土の汚染による除去土壌の増加を生じない	・万一のセシウムの漏洩のための対策が別途必要 ・枝葉等の突起物により遮水シートを破損する可能性が想定される ・ヤード内に重機が入れない
不燃物の沈下事前防止策	あり	・沈下がないため上面への雨水の滞留等がない	・不燃物の事前処理施設または場所が必要。除染物がすぐに仮置場に搬入できないため、除染作業に支障の恐れあり
	なし	・仮置場の設置工事が容易 ・事前の処理が必要ない	・沈下により上面の雨水等が滞留。滞留水が仮置場内への流入の恐れあり
可燃物の沈下事前防止策	あり	・沈下がないため上面への雨水の滞留等がない	・可燃物の事前処理施設または場所が必要。除染物がすぐに仮置場に搬入できないため、除染作業に支障の恐れあり
	なし	・仮置場の設置工事が容易 ・事前の処理が必要ない	・沈下により上面の雨水等が滞留。滞留水が仮置場内への流入の恐れあり

遮水シートは、合成樹脂・ゴム系、アスファルト系、ベントナイト系に大別できます。合成樹脂・ゴム系の遮水シートは弾性変形するのに対し、アスファルト系の遮水シートは塑性変形します。また、アスファルト系の遮水シートには下地地盤に直接吹き付けるタイプのものもあります。したがって、通常の仮置場・現場保管場では、合成樹脂・ゴム系の遮水シートが適当であると考えられます。

一方、下地地盤の起伏が大きい場所や急斜面等では、アスファルト系の遮水シートの方が有利であると考えられます。ベントナイトはセシウムを吸着する性質を有しているため、除去物からの浸出水の土壌や地下水への移行を防止するだけでなく、セシウムの吸着も期待することができます。

遮水シートの破損については、これまでの事例から、そのほとんどが完工後ではなく、施工時に発生しています。施工に起因する損傷は約30％、気象条件に起因する損傷が約20％、供用中の埋め立て作業に起因する損傷が約30％という結果があります。このうち、施工時の損傷の要因については、除去物中の突起物による損傷および施工時の重機による損傷に大別されます。除去物による破損は保護マットによって防止できます。

一方、重機による破損を防止するために、除去物を定置する際にはラフタークレーン（大型移動式クレーン）を用いることによって、重機による遮水シートへの載荷を避けることや、重機が遮水シート上を走行する場合は30 cm程度の砂質の保護土を敷設するといった工夫を講じることが有効です。この保護土は、セシウムによる土壌や地下水の汚染の防止策としても機能します。

(3) 放射性物質以外の成分による影響防止

国立環境研究所が取りまとめた、仮置場の可燃性廃棄物の火災予防[26]によりますと、自然発火の恐れのある下草・落葉といった可燃物のみを地上で保管する区画については、その面積を200 m² 以下、高さを5 m以下とし、また、区画と区画の離隔距離を2 m以上確保することによって火災時の消火活動が容易になるとされています。

さらに、近傍に防火砂等を配置し、火災時の対策を迅速に講じることも有効です。また、有機物の腐敗に伴い発生するガスを排気するためには、ガス抜き管を設置する必要があります（図7.5）。

(4) 耐 震 等

想定される地震に対して、遮蔽や閉じ込め機能を損なわないようにするための方策の一つとして、フレキシブルコンテナを施設の側部がなだらかになるように階段

階段状積み上げ方式　　　　　　周辺堰堤を大きくする方式
図 7.16　耐震への対応措置を考慮した仮置場建設の例 [12]

状に積み上げて保管する方法、積上げる段数を制限する方法、および周囲の堰堤を大きくする方法が挙げられます(図 7.16)。

(5) 除去物の分類・管理

可燃物と不燃物では、仮置き・現場保管の際の考慮事項に相違点があります。また、仮置場・現場保管場の遮蔽効果を高めるための方策として、放射線量が高いものは極力中央部に配置します。このため、除去物の種類や放射能濃度といった情報に基づいて分類しておくことが望まれます。

除去物の処理や中間貯蔵施設への搬出を効率的に実施するためには、除去物の発生場所や内容物の諸元、重量、表面線量率といった情報が管理されていることが重要です。ただし、除去物の濃度を直接測定するには時間を要することから、表面線量率を測定し、濃度に換算するといった方法が現実的と言えます。

また、多量の除去物をすべて測定することも作業効率を低下させる要因となるので、除去物の発生場所や種類によりグループ化し、グループごとに測定することが現実的です。さらに、各除去物の定置位置に係る情報は、除去物の中間貯蔵施設への搬出時、ならびに仮置場・現場保管場の健全性に問題が生じた際の対処の時に有用な情報となります。

モデル事業においては、除去物の定置位置の検討や、定置に係る作業員の被曝管理の観点から、仮置場・現場保管場に搬入された除去物の充填されたフレキシブルコンテナを定置する前に、表面線量率や重量、放射能濃度の測定を実施しています。

仮置場・現場保管場における除去物の充填されたフレキシブルコンテナについて、濃度と表面線量率との間に次のような関係が認められた。①可燃物(枝葉)の表面線量率と濃度との相関性は高いこと、②不燃物(土壌)および可燃物(草)の場合の相関

性は低いこと。②の理由として、フレキシブルコンテナ内の除去物の濃度の不均質性が大きく、表面線量率の測定箇所や濃度測定の試料採取位置によって得られるデータのバラツキが大きくなった可能性が考えられます。とくに、可燃物（草）の場合はその傾向が強いといえます。

(6) 除去物の定置

放射線量が高いものは極力中央部に配置することで施設周辺の放射線量を低減することができます。また、不燃物と可燃物を異なる区間で管理する場合と、仮置場・現場保管場面積の制約等の理由により、同じ区画に管理する場合の2つの方法が考えられます。いずれの方法においても、可燃物の容積減少や圧縮、凍結土壌の融解に伴う沈下による変形が予想されることから、その対策を講じる必要があります。具体的には、フレキシブルコンテナ間の間隙を間詰砂などで埋める方法が考えられます（図7.17）。

図7.17 フレキシブルコンテナ間の間詰め状況[12]

(7) 立ち入り制限

地元住民の方々への注意喚起を行うために、掲示板を用いて除去物の仮置場・現場保管場である旨を明示するとともに、敷地境界部に侵入防止柵等を設置します。また、距離により遮蔽を確保する場合は、適切な距離を確保した箇所に侵入防止策を設置します。

7.3 仮置場・現場保管場の監視

仮置場・現場保管場において、放射線の遮蔽や放射性物質の閉じ込めが健全に保たれているかを確認することは重要なことです。このため、空間線量率や除去物からの浸出水および地下水の濃度を定期的にモニタリングする必要があります。測定方法や頻度は、除染関係ガイドラインに基づき設定します。また、有機物の腐敗に伴い発生するガス濃度が高くなる懸念がある場合には、ガス抜き管の設置や仮置場内部の温度を測定することが要求されます。

7.3 仮置場・現場保管場の監視

7.3.1 監視項目

(1) **空間線量率**
① 空間線量率は敷地境界で測定しますが、仮置きの区画が複数ある場合は、区画間でも測定することによって遮蔽機能の不具合を早期に発見できるとともに、不具合箇所の特定にも資する情報となります。
② 地下保管型の仮置場については、上面の遮蔽性を確認することが重要ですので、覆土上部もモニタリング地点として設定することを推奨します。

(2) **地下水の放射性物質濃度**
① 地下水の観測井戸を仮置場の上流側と下流側に設置することにより、地下水中に放射性物質が溶存している場合に、それが仮置場から漏出したものかを確認することができます。そのためには、地下水の流動方向を推察する必要があります。
② 濃度に異常が認められた場合は、その原因を明らかにしたうえで、地下水汚染を拡大させないために必要な対策を講じます。具体的には、遮水シートの点検・補修や、汚染地下水の揚水等が考えられます。また、周辺に生活井戸がある場合は、即座に井戸水の分析を行い、必要に応じて取水制限等を行います。
③ 遮水シートの点検・補修は「廃棄物最終処分場遮水シート取扱いマニュアル」[27]に基づき実施します。そのとき、下部の遮水シートの遮水機能が低下することにより、除去物からの浸出水の集水桝への集積量が低減する可能性もあることに留意する必要があります。
④ 遮水工損傷検知システム等を設定していない場合において、下部の遮水シートの損傷が疑われる場合は、除去物を移動して損傷箇所を探し出す必要があります。

(3) **浸出水の放射性物質濃度**
① 集水枡中の浸出水の放射性物質の濃度が基準値より高い場合は、集水桝内の水処理(除染)を行う必要があります。その際、イオン化したセシウムに対してはゼオライト等のセシウムを吸着する性質を有する材料を用いる方法が考えられます。
② 遮水シートを用いた仮置場・現場保管場の降水に対する遮水機能が低下することにより、除去物と接触した水が集水桝に集積し、濃度が上昇する可能性があります。この際、浸出水の水量も増加すると考えられます。

③ 上部の遮水シートの点検・補修は、上記の廃棄物最終処分場遮水シート取扱いマニュアルに基づき実施します。そのとき、遮水シートが露出している場合は、目視点検を主体に実施し、遮蔽用フレキシブルコンテナでおおわれている場合は必要に応じてそれらを一旦移動して点検します。

(4) ガス濃度および温度

可燃物(有機物)の自然発火を防止するため、腐敗に伴い発生するガスを排気するガス抜き管の設置を検討します。これにより発生ガスの濃度の測定も容易となります。自然発火の危険性を把握するためには、温度計により内部の温度をモニタリングすることも検討する必要があります。

7.3.2 監視の実際

(1) 保管開始時の状況

除去物の定置および覆土等の設置後の保管開始時に、仮置場・現場保管場における放射線の遮蔽や放射性物質の閉じ込めが健全に保たれているかを確認するためのモニタリングを実施します。そのときのモニタリング結果の例を表7.8に示します。

いずれの仮置場・現場保管場においても、保管開始時の空間線量率は保管開始前と比較して低減していることが確認できます。また、浸出水および地下水中の濃度は、検出限界値もしくは排水基準値を下回っています。一部の地区において、最大25 Bq/kg程度の放射性Csが検出されました。これは、採水された地下水に濁りが認められたことから、井戸掘削時に汚染された表土が混入したことによるものと考えられます。

防火対策に係るモニタリングの結果、火災発生が疑われるような高温および高濃度の一酸化炭素、二酸化炭素の発生は認められず、安全性には問題ないことが確認されました。

(2) 継続的な監視

モデル事業においては、継続的な監視を行うに当たり、巡視点検要領を策定しました。これは、仮置場・現場保管場における点検監視箇所や、測定およびサンプリング項目や頻度、異常時の措置方法を定めるものです。

この巡視点検要領に従い、仮置場・現場保管場を継続的に監視した結果、空間線量率および地下水の濃度については、保管開始時から5月末までの期間において放射線の遮蔽機能の低下が疑われるような現象は認められていません。

一方、凍結土壌の融解やフレキシブルコンテナの隙間に残っていた雪の融解に

表7.8　保管開始時のモニタリング結果

除染実施対象地区	空間線量率(1m) (μSv/h)		放射能濃度 (Bq/kg)	
	保管開始前	保管後	浸出時	地下水
南相馬市	1.74	0.35	水なし	最大11.6
浪江町津島地区	7.79	1.73	19	19
浪江町権現堂地区	1.67 *1	0.63	水なし	24.7
飯舘村	4.03	1.33	ND	―
川俣町	3.02	1.02	水なし	最大8.9
富岡町夜の森公園	5.44 *1	1.44	水なし	ND
富岡町富岡第二中学校	2.25 *1	0.97	水なし	ND
葛尾村	2.80 *1	2.60	ND	ND
田村市	0.74	0.58	ND	ND
大熊町	36.7	5.6 *2	ND	ND
楢葉町南工業団地	0.85	0.59	22	ND
楢葉町上繁岡地区	2.38	1.97	ND	ND
広野町	0.92	0.13 *2	ND	ND
川内村	5.06	0.68 *2	ND	ND

*1　保管場所造成後測定　　*2　保護マット上で測定　　ND　検出下限値未満

よって多量の浸出水が発生しました。これは、モデル事業が冬期に実施されたことから、阿武隈高地に位置する地区においては、除染時に表土が凍結するとともに、定置中に降雪があったためと考えられます。また、可燃物内の温度が55℃程度まで上昇した仮置場・現場保管場がありました。その後低下しましたが、ガス抜き管の増設等を検討する事態となりました。

　モデル事業においては、以上のことを踏まえ、浸出水の漏洩防止を図るための水位管理方法を定めたマニュアルを策定するとともに、大雨、地震、火災等の緊急時における点検および対応、および、報告を迅速かつ的確に行うための緊急時対応マニュアルを策定しています。

(3)　**監視結果から見た仮置場・現場保管場の特徴**

　仮置場・現場保管場ごとの遮蔽方法の違いや、除去物の定置方法といった仕様の違い、あるいは不具合の発生状況等から、それぞれの仕様の長所・短所をまとめたのが既に示した**表7.6、7.7**です。今後、仮置場・現場保管場を設計する際には、その場の条件や優先的に考慮する事項を整理するとともに、表に示す長所短所を考慮

したうえで、仕様の最適化を図る必要があります。

7.3.3 施設要件と管理要件を備えた保管の事例

以上に述べてきた除去物を安全に保管するための施設要件および管理要件を踏まえて、仮置場・現場保管場の具体例をいくつか紹介します。除染関係ガイドラインでは、敷地境界の隔離距離の設定は、除去物の濃度や施設の規模等を踏まえて選定することになっていますが、ここでは、敷地境界の位置については、平均放射性物質濃度が0.8万Bq/kgに対応する離隔距離を踏まえたものとしています。

除去物の仮置場・現場保管場への搬入に当たっては、敷地境界において搬入中の追加線量が1mSv/年以下となるように所定の遮蔽を行い隔離距離をとります。さらに、遮蔽を行いながら除去物を搬入することや、濃度の高い除去物を施設の中央や底部に置いて、それらを濃度の低い除去物で囲むように配置すること等によって、搬入中においても放射線量を低減するなどの工夫をすることにより、敷地境界(柵の設置位置)において、周辺環境と同程度の放射線量となるよう努めます。

なお、規則に示されている濃度の上限や施設の規模を超えるような条件で保管を行う場合は、個別の施設仕様と安全管理の内容を踏まえた安全評価を行うことによって、安全が確保できる保管施設を造る必要があります。

以上のような観点から、除去物の保管施設の概念をいくつかの事例で示します。図7.18は、空間線量率が1μmSv/h程度の自宅宅地の除染で発生した少量の除去物(除去土)を住宅の敷地内に地上保管している状況です。地下保管しても差し支えありません。地上保管式の仮置場に除去物を保管している状況を示したのが図7.19です。空間線量率が1μSv/h程度の地域の除染で発生した除去物($20\times20\times2$ m)を地上式の仮置場に保管している例です。図7.20は、空間線量率が1μSv/h程度の地域の除染で発生した除去物($50\times50\times2$ m)を地下式の仮置場に保管した例です。

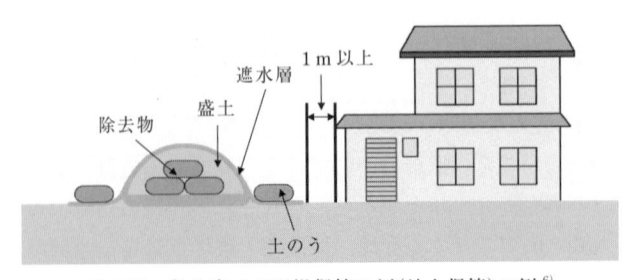

図7.18　敷地内での現場保管の例(地上保管)の例[6)]

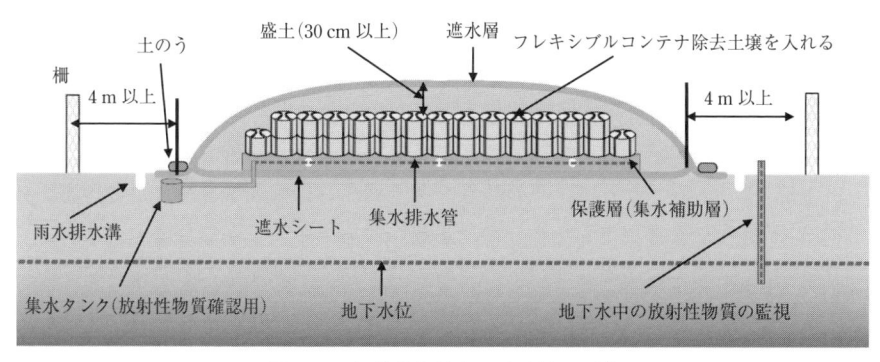

図 7.19　仮置場保管（地上保管）の例 [6]

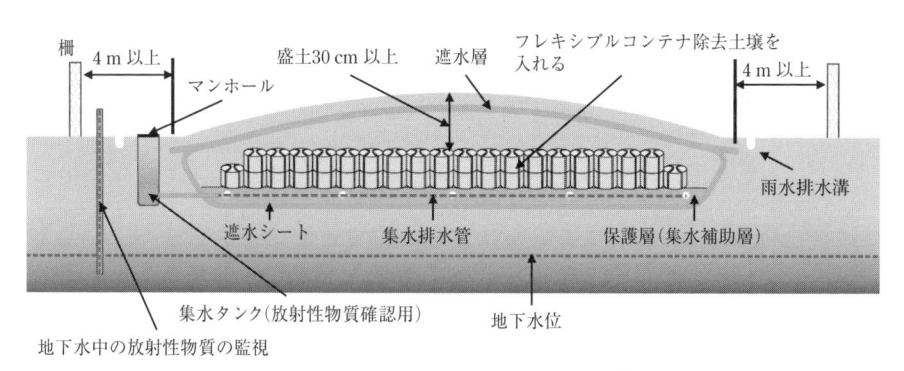

図 7.20　仮置場保管（地下保管）の例 [6]

7.3.4　仮置場・現場保管場に関する課題と留意事項

仮置場・現場保管場についてのモデル事業の結果から、以下のような課題が浮かんできます。

① 仮置場・現場保管場の内部に配管等を敷設する場合は、除去物の荷重による応力を考慮した設計や対策を行うことが重要となります。具体的には、配管周りのフレキシブルコンテナを安定に定置するとともに、フレキシブルコンテナと配管の隙間に砂等を充填させること、必要に応じて配管を二重構造とすることが考えられます。

② 積雪量が多く、表土が凍結するような地域においては、厳寒期以外の期間に仮置場を建設することによって、除去物等からの多量の浸出水や、不具合の多くを避けることができると考えられます。

③ 仮置場等の維持管理（監視）においては、空間線量率や浸出水量の変動、地下

水位、温度等を、図 7.21 に示すような携帯電話回線等の無線回線を用いた自動モニタリングシステムによって遠隔監視することが考えられます。これの利点は、

ア）放射線の遮蔽や放射性物質の閉じ込めの安全性が維持できていることを常時監視できるとともに、その結果をタイムリーに公表することができます。
イ）不具合や異常が生じた場合に、迅速に対応することができます。
ウ）警戒区域等の高線量地域への立ち入り回数を削減することができます。
エ）山間部等の測定のために要する労力と時間を削減することができます。

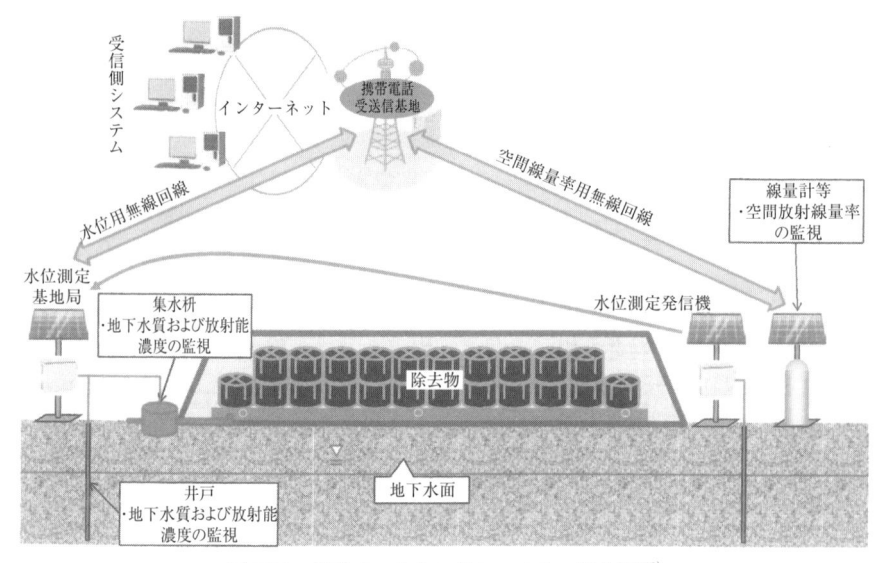

図 7.21　自動モニタリングシステムの概念図 [12]

7.4　除染従事者の被曝管理

7.4.1　被曝管理の実際

いままで述べてきた、第 4 章のモニタリング、第 5 章の土地利用区分ごとの除染作業、第 6 章の洗浄水等の処理、本章の仮置き場・現場保管場の整備と維持管理のどの部分の作業においても、作業者等の被曝管理が重要であることは共通しています。ここで、除染に従事する人の被曝管理の現状と今後の改良点等をまとめました。

(1) 線量限度の設定

作業員の被曝線量については、将来の本格的な除染事業への対応を想定し、除染モデル実証事業で設定した目安線量である 15 mSv/年を超えないようにします。被曝履歴がある作業員については、除染モデル実証事業の事前の被曝線量と除染モデル実証事業における従事期間中の累積被曝線量を合算したうえで、電離則の線量限度を上限として管理するようにします。

(2) 内部被曝線量の測定

すべての作業員を対象として、除染作業従事期間の開始時および終了時にホールボディカウンター（WBC：whole body counter）による内部被曝検査を実施します。WBC は、内部被曝線量を調べるために、人間の体内に摂取され沈着した放射性物質の量を体外から測定する装置です。図 7.22 にそれの概要を示します。

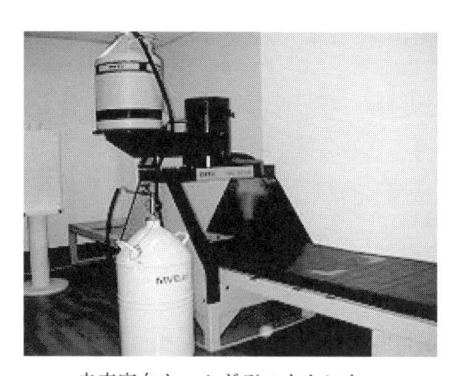

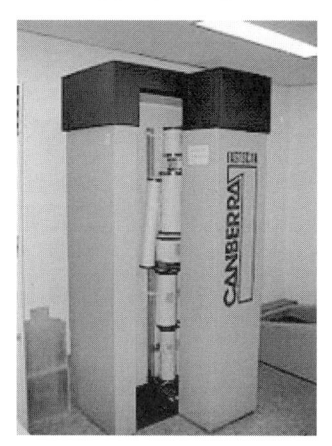

走査寝台ホールボディカウンター　　　縦型ホールボディカウンター

図 7.22　ホールボディカウンターの例[32]

(3) 外部被曝線量の測定

作業期間中、すべての作業員にポケット線量計と積算型の線量計（ガラス線量計または OSL 線量計）着用させることによって、除染エリア、仮置場、除染エリアから仮置場までの運搬経路における外部被曝量の管理を実施します。作業者の被曝管理のシステムの概要を図 7.23 に示します。

ポケット線量計は作業日ごとの管理用として、作業日の作業開始時に配布・着用、作業終了時に回収します。積算型の線量計は評価用として、除染作業従事期間の開始時に配布・着用、作業従事期間終了時に回収します。ポケット線量計および積算

第7章　仮置場・現場保管場の整備と維持管理

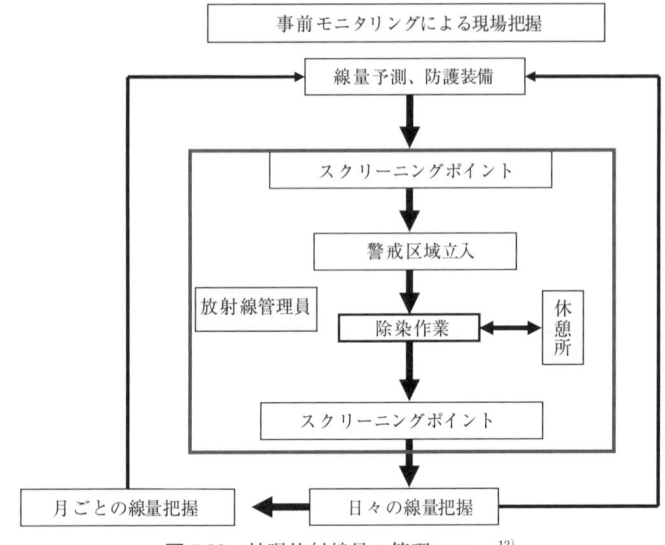

```
事前モニタリングによる現場把握
        ↓
   線量予測、防護装備 ←─────────┐
        ↓                      │
   ┌────────────────────────┐  │
   │  スクリーニングポイント │  │
   │       ↓                │  │
   │   警戒区域立入          │  │
   │       ↓                │  │
   │ 放射線管理員 ─ 除染作業 ─ 休憩所 │
   │       ↓                │  │
   │  スクリーニングポイント │  │
   └────────────────────────┘  │
        ↓                      │
   日々の線量把握 ──────────────┘
        ↓
   月ごとの線量把握
```

図 7.23　被曝放射線量の管理フロー[12]

型の線量計の使用方法および特徴は、放射線管理の有資格者が作業員に対し教育を行い、これらの測定器を適切に使用するようにします。

作業期間はモニタリングおよび除染作業を合わせて最大2ヶ月程度であるため、積算型線量計による作業員の外部被曝線量は、当該作業員の除染作業従事期間終了後に算定します。除染作業期間中の累積被曝線量は、ポケット線量計による外部被曝線量で管理します。ポケット線量計および積算型線量計による外部被曝線量測定を確実に実施するため、各除染作業エリアの休憩所等において以下の事項を実施します。除染作業における一例を以下に示します。

除染作業における外部被曝測定(管理)方法の例

① 作業従事開始日：各作業員が作業に従事する作業開始時に積算型の線量計を貸与します。
② 1日の作業開始時：以下の事項を実施します。
　ア）ポケット線量計の受渡し場所において、各作業員は、個人線量計貸出管理記録簿に会社名、氏名、作業内容、作業エリア、線量計No、貸出時間等を記入します。
　イ）各作業員はポケット線量計を受け取り、各作業員はポケット線量計の電源を入れて作動確認を行い、確実に測定できる状態であること(指示値が0で

あることなど)を確認した後、ポケット線量計を着装します。
- ウ) 作業員が2人1組となり、お互いのポケット線量計および積算型の線量計の着装を指差し確認します。
- エ) 各作業員は装着場所で所定の放射線防護装備を着用します。

③ 作業終了時：以下の事項を実施します。
- ア) 各作業員は各除染作業エリアのスクリーニング場所で、放射線管理員が行うGM管式サーベイメーターによる身体表面の汚染検査を受け、頭部、手、足および衣服に汚染のないことを確認します。なお、汚染があった場合は、脱装エリアで放射線防護装備を脱装し、再度スクリーニングを受けます。
- イ) 身体表面に汚染があった場合は、除染エリアで濡れキムタオル、ウェットティッシュ等を用いて除染します。
- ウ) 各作業員はポケット線量計受渡し場所で、ポケット線量計に示された作業当日の累積被曝線量と記入時の時刻を個人線量計貸出管理記録の各自の欄に記入しポケット線量計を返却します。

④ 作業従事終了日：各作業員の作業従事終了日の作業終了時に積算型の線量計を返却します。

⑤ 個人線量計の管理：ポケット線量計および積算型の線量計には、ナンバリングを行い台帳で確実に管理します。

(4) 測定結果の記録・管理

内部被曝線量および外部被曝線量の測定結果は、作業員ごとに被曝線量台帳に記録します。被曝線量台帳は電子データ化して保存・管理し、各作業員に対して結果を通知します。除染モデル事業においては、ホールボディカウンタ(WBC)の測定結果は記録レベル($1\,mSv$)未満であり、有意な内部被曝は確認されませんでした。除染モデル事業における作業員の外部被曝の測定結果の例は表7.9のとおりでした。除染対象地区ごとに作業員の被曝線量を比較すると、除染前の作業場所の空間線量率が高い所では被曝線量が高くなる傾向があります。

一方、作業員の内部被曝については、次のような事項が指摘されます。
① ホールボディカウンタによる内部被曝測定結果：除染作業者はスクリーニング判定用のホールボディカウンターにより、内部被曝の測定を行いました。これまで約3,000人の作業者の測定を行った結果では、記録レベル($1\,mSv$)を超える作業者は出ていません。
② 作業現場の空気中放射性物質濃度：今回の除染モデル事業の作業現場の空気

表7.9 作業者の外部被曝の例 [12]

除染対象地区	年間積算線量 (mSv)	作業期間 (日)	作業人数 (人)	平均線量 (mSv)	個人最大線量 (mSv)
田村町	4	52	237	0.02	0.12
南相馬市	5	80	336	0.12	0.36
葛尾村	8	61	343	0.05	0.25
川俣町	15	84	307	0.21	0.87
飯舘村	19	79	617	0.33	0.93
浪江町(権現堂地区)	26	54	302	0.41	1.15
富岡町(富岡第二中学校)	32	78	627	0.33	1.56
富岡町(夜ノ森公園)	43				
浪江町(津島地区)	48	40	188	0.51	1.41
大熊町	65	70	198	1.30	6.96

注) 年間積算量は除染実施区域の事前モニタリングによって測定した空間線量率から個別に算出した値。

中の放射性物質濃度は、それほど高いレベルではなく、防護装備を装着したことにより、記録レベルである1mSvを超える内部被曝線量は検出されていません。

(5) 被曝管理と事故

本除染モデル事業で発生した災害および設備トラブル等については、全体の約6割(19件)が災害(通勤災害を含む)、約3割(10件)が設備トラブルとなっています。災害のうち約6割が交通災害(通勤災害)となっており、降雪による路面凍結で3件のスリップ事故も発生しています。被曝に係わる事故やトラブルは発生していないと報告されています。

労働災害については、転倒・つまずきが3件、刈払機による足指の切傷が1件、はさまれ・まきこまれ等が4件発生し低ますが、いずれも大きな災害にはなりませんでした。設備トラブルは、学校の遊具等の損傷、電話線の切断等が発生しました。いずれもクレーン付きトラック、高所作業車、バックホウ等の重機による損傷であり、各現場における周辺設備の状況確認が不十分で発生したものです。

これらの災害・設備トラブル等の発生状況も勘案して、安全管理面の課題として以下の内容を挙げることができます。

① 作業現場でのTBM-KYが不十分で、現地の設備状況を十分確認しないまま作

業したため、設備を損傷させたこと
② 作業現場内では、防塵マスクを付けた状態での作業であったため、作業員同士の意思の疎通が困難であったこと
③ 短期間で広い範囲の作業を実施する必要があったため、各地点とも100〜300人程度の作業員が一度に作業することとなり、委託先監理員が作業員の不安全行動を十分に監理できず、設備トラブルが発生したこと
④ 各地点とも通勤距離が長く、また、冬期の作業でもあったため、路面凍結による交通災害が各地点で発生したこと
⑤ 冬期で日が暮れるのが早かったため、足元が暗く転倒やつまずきが発生したため、対策として、照明で足元を照らす措置を行ったこと
⑥ 冬期の寒い環境下での作業であったため、作業員が体調を崩し疾病が発生したこと
⑦ けが人が発生した場合、通常よりも受け入れ先の病院までの搬送時間を要するため、短時間の連絡と搬送手段が課題となることから、以下の点を考慮したうえで搬送ルートを決めておく必要があること
　ア）警戒区域から出る前のスクリーニング実施場所
　イ）季節に応じた適切な搬送ルートの選定（夏と冬では、道路の降雪、凍結状態により最速ルートが異なる）
　ウ）放射性物質汚染の恐れがあることを想定した受け入れ病院の確保
⑧ 防護服（タイベックスーツ）や防塵マスクを着用した作業では、夏期の熱中症対策も課題となること

災害が起きる恐れがある箇所や事象について、以下の対策を行っています。
① 草刈機の使用にあたっては、作業員間に十分な間隔を確保したこと
② 塀等の倒壊または倒壊の恐れがある箇所はロープで区画し、作業員に対して注意を促す立ち入り禁止の表示を行ったこと
③ シューズカバーを着用した作業では、地面の濡れた箇所で滑りやすく転倒の恐れがあったため、シューズカバーの着用を中止し、作業専用のゴム長靴を用意して作業前後に履き替えたこと
④ 宅地の除染においては、作業時または地震によりガスボンベが転倒またはゴム管が損傷してガスが漏洩する恐れがあるため、元栓を閉めてから作業を実施すること。また、除染モデル実証事業において、他の作業員を監視すべき職長自身が作業を行ったことにより、作業員に目が行き届かなくなるといっ

た事例がありました。

7.4.2 今後の除染における被曝管理
(1) **放射線の管理計画**
  ① 前モニタリングを踏まえた放射線管理計画：除染作業開始前に事前モニタリングにより、面的な放射線環境の把握、ホットスポットの状況を把握し、除染作業の放射線管理計画の立案に活用することが有効
  ② 作業者の被曝履歴の管理：除染電離則に基づく線量記録の保存機関とて「(財)放射放射線影響協会」が指定されたことから、除染作業者の長期の被曝履歴の管理が可能。また、これにより原子炉等規制法との重複作業の被曝管理も可能
  ③ 作業区域への出入り管理：警戒区域内へのアクセスに関し、警戒区域の境界付近の北側、西側、南側の3箇所に3箇所のスクリーニングポイントを設置し、運用を実施。実際の除染作業の現場の近くにスクリーニングポイントを設けることも有効
  ④ 作業者の負担軽減の観点で、作業現場の近くに休憩所を設置し、出入り管理を徹底して、休憩、飲食ができるスペースを確保することが重要

(2) **外部被曝の管理**
  ① 日々の線量管理により作業員の被曝は管理可能
  ② 高放射線環境での除染作業においては、被曝低減に有効な除染手法と作業手順の組み合わせの最適化、機械利用による作業の効率化とともに、作業時間を制限する等により被曝を低減することが可能

(3) **内部被曝の管理**
  ① 通常の防護装備により管理可能であり、装備の軽減も可能。夏期の除染作業をにらみ、過剰装備による身体負荷低減への配慮も必要
  ② 今回の除染モデル事業ではすべての作業者について作業前・作業後にWBC測定を行ったが、除染電離則に従い、高土壌濃度・高粉塵作業を除き、スクリーニングにより管理可能

第8章
公募等による除染・減容に関する個別技術

8.1 自衛隊による試行的除染における個別技術

8.1.1 本事業の概要
(1) 経　緯

　自衛隊による試行的除染は公募によるものではありません。しかし、世間が知る初めての組織的に実施した除染作業のはしりですので概略を説明しておきたいと思います。

　本格的除染に入る前に、「警戒区域」および「計画的避難区域内」に位置する楢葉町、富岡町、浪江町および飯舘村の4つの役場において、2011年12月7日(水)から12月19日(月)に至る約2週間をかけて試行的な除染が実施されました[13]。時間の余裕がない中での実施であったため、大規模な人員をもって組織的な行動が可能な陸上自衛隊(約900名)の協力を得て行われました。

(2) 実施場所

　自衛隊による試行的除染が実施された場所は、4つの町村の役場の敷地等であり、表8.1に示す空間線量率と土地利用区分となっています。役場を優先的に除染することは、除染計画の立案や除染作業の実施において中心となる場所だからです。

(3) 実施期間と工程

　上記の4役場とも2011年12月7日に除染作業を開始し、多少の違いはありますが19日までに作業を終了し、町村長等への結果報告を行っています。また、除染作業の実施に先立ち、除染の効果を調べるための試験や、除染対象区画における空間線量率および表面汚染密度の事前モニタリング等を行っています。

表 8.1　各役場の概要 [13]

	除染対象面積	除染前1m高さの空間線量率	土地利用区分別の比率*（除染対象分）
楢葉町役場	5,500 m²	0.40～1.04 μSv/h（平均 0.75 μSv/h）	舗装面・車庫 62％、建物屋上・ベランダ 18％、緑地 14％
富岡町役場	19,380 m²	2.26～12.2 μSv/h（平均 7.76 μSv/h）	舗装面 62％、芝地 17％、植栽(立ち木／植え込み) 9％、屋上・砂利敷き 12％
浪江町役場	14,850 m²	0.39～0.83 μSv/h（平均 0.51 μSv/h）	舗装面 86％、植栽(立ち木／植え込み) 12％、屋上 2％
飯舘村役場	15,020 m²	1.82～6.30 μSv/h（平均 3.42 μSv/h）	舗装面 74％、芝地・笹地・草地 20％、植栽(生け垣、植え込み) 4％、ウッドチップ舗装 2％

※　四捨五入の関係で、表中の比率の合計が 100 にならない場合がある。

8.1.2　試行的除染の結果と評価

　除染は、前記の4つの役場に係わる建物、庭、駐車場、道路等のすべての場所と建物（工作物）について実施されました。除染作業実施の前・後のモニタリング結果より、役場別・除染対象別に、空間線量率（1m）の平均値とその他の必要なデータを表 8.2～8.6 に示します。

　各役場の除染範囲（屋外）の1m高さの空間線量率（平均値）の低減率は、楢葉町役場で 35％、富岡町役場で 56％、浪江町役場で 31％、飯舘村役場で 46％ となっています。役場・除染対象別の平均を比較すると、低減率が最も高かったのは飯舘村の芝地で 78％ です。

　これらの試行的除染における作業方法等は、その後に実施された、本格的な除染事業、内閣府の除染モデル実証事業および除染技術実証事業、環境省の除染関係ガイドラインおよび除染技術実証事業等の立案と実施において、基礎的な資料として役立てられました。

8.1 自衛隊による試行的除染における個別技術

表8.2 除染前後の1m高さの空間線量率の変化[13]

町村		除染対象	空間線量率（1m 高さ）		
			除染前(平均) μSv/h [a]	除染後(平均) μSv/h [b]	低減率 % 1-[b]／[a]
楢葉町	屋外	アスファルト	0.77	0.50	35%
		車庫(屋根下)	0.47	0.35	26%
		屋外全体(除染範囲)	0.75	0.49	35%
	建物	屋上	0.29	0.24	17%
富岡町	屋外	アスファルト	7.75	3.97	49%
		駐車場芝面	9.62	2.65	72%
		インターロッキングブロック コンクリートタイル	5.80	2.46	58%
		植栽	8.30	4.18	50%
		芝地	8.70	2.27	74%
		砂利敷き	5.59	1.33	76%
		屋外全体(除染範囲)	7.76	3.43	56%
	建物	屋上(庁舎棟)	5.78	3.26	44%
浪江町	屋外	アスファルト	0.50	0.33	34%
		インターロッキングブロック	0.53	0.39	26%
		屋外全体(除染範囲)	0.51	0.35	31%
	建物	屋上	0.32	0.25	22%
飯舘村	屋外	アスファルト	2.94	1.96	33%
		歩道(石畳)	3.41	1.78	48%
		植栽	4.08	1.92	53%
		草地	4.24	1.52	64%
		芝地	4.39	0.96	78%
		笹	2.35	1.18	50%
		ウッドチップ舗装	3.86	2.79	28%
		除染範囲全体(屋外)	3.42	1.83	46%

表 8.3 役場別・種類別の廃棄物発生量 [13]

町村	廃棄物の種類	個数	割合(%)	容積*(m^3)	除染面積当たり容積*(m^3/m^2)
楢葉町	土	100	65		
	草	30	19		
	汚泥	5	3		
	廃品・アスファルト等	20	13		
	合計	155	100	124	0.023
富岡町	土(芝含む)・泥	570	62		
	砂利	200	22		
	草・枝・落ち葉	150	16		
	合計	920	100	736	0.038
浪江町	汚泥	65	43		
	草・枝	87	57		
	合計	152	100	122	0.008
飯舘村	土・泥	413	62		
	草・芝・落ち葉	124	18		
	ウッドチップ	33	5		
	石	92	13		
	汚泥・その他	10	1		
	合計	672	100	538	0.036

* フレキシブルコンテナ1個当たりの内容物の容積を1.0 m^3 とし80%充填したものと仮定。

表 8.4 廃棄物保管に必要な面積と除染面積に対する割合 [13]

	廃棄物保管占有面積[*1]	廃棄物保管占有面積の除染面積に対する割合 (( )内は除染面積)		表土除去量(m^3)/表土除去する除染対象面積(m^2)
		廃棄物が発生する除染対象[*2]面積のみを「除染面積」とする場合	表土除去する除染対象面積のみを「除染面積」とする場合	
楢葉町	78 m^2	10.1%　(770 m^2)	同左	0.10 m^3/m^2
富岡町	460 m^2	7.8%　(5,900 m^2)	9.2%　(5,000 m^2)	0.09 m^3/m^2
浪江町	76 m^2	4.3%　(1,750 m^2)	―　(0 m^2)	―
飯舘村	336 m^2	8.5%　(3,970 m^2)	11.2%　(3,000 m^2)	0.12 m^3/m^2

*1　フレキシブルコンテナ(縦1 m×横1 m×高さ0.8 m)を2段積みに敷き詰めたと想定した場合の占有面積。
　　占有面積(m^2) = フレキシブルコンテナ個数×1 m×1 m×0.8 m÷(0.8 m×2)
*2　表土除去、植栽の落ち葉除去・伐採、じゃり除去、ウッドチップ除去

8.1 自衛隊による試行的除染における個別技術

表 8.5 役場別延べ作業人員数 [13]

	延べ作業人員数	除染面積当たり作業量（人・時 /m²）	(参考)除染面積に占める舗装面の割合
楢葉町	846 人・日	0.62	67%
富岡町	3,047 人・日	0.63	62%
浪江町	1,146 人・日	0.31	86%
飯舘村	1,896 人・日	0.50	74%

表 8.6 除染対象別の各種原単位 [13]

除染対象		1 m 高さの空間線量率低減率（%）	除染方法	使用水量等の実績	課題等
舗装面	アスファルト	33～49	ブラッシング+高圧水洗浄	[使用水量] 14 L/m²(役場毎にバラツキあり。8～36 L/m²) [作業量] アスファルト:0.2 人・時/m² 石畳:0.7 人・時/m²	・作業ムラの低減方法
	インターロッキングブロック・コンクリートタイル	26～58			
	石畳	48			
	ウッドチップ舗装	28			
芝地等	芝地	72～78	芝等と共に土壌を剥離	[剥離土壌厚さ] 重機を用いた場合は 5 cm 程度、不整地あるいは狭隘地で重機が使用できずに手作業の場合はそれ以上除去した箇所あり [廃棄物量*] 土+芝:0.09～0.12m³/m²	・低減率高いが、廃棄物量増大 ・土壌を薄く剥ぎ取る技術
	笹地	50			
	草地	64			
植栽	生垣・植え込み	50～53	ブロアによる落葉・表土除去/高圧水洗浄/伐採(一部)	[廃棄物量*] 枝葉等:0.03～0.10m³/m²	・除染方法ごとの除染効果の定量化
建物周り	屋上・バルコニー	17～44	高圧水洗浄	[使用水量] 30 L/m²	・近接する樹木等の影響あり
	砂利敷き	76	砂利除去+清掃・高圧水洗浄	[廃棄物量*] 砂利:0.12m³/m²	・低減率高いが、廃棄物量増大

* フレキシブルコンテナ 1 個当たりの内容物の容積を 1.0 m³ とし 80%充填したものと仮定。除染対象毎の廃棄物量を明確には特定できないため、推定を含む参考値であることに留意が必要。

8.2 内閣府による除染技術実証事業における個別技術

8.2.1 本事業の概要
(1) 目　的

　環境中の放射性物質を除染する技術について確立された技術は多いとは言えず、発展途上にあります。除染における洗浄、研磨、減容等の技術については、新たな技術の開発や、他分野における技術の転用等により、実用化が期待できるものがあると考えられます。「除染技術実証試験事業」は、実用可能と考えられる新規の有望

表 8.7　実施事業の

除染対象物	手　法	除染効果
土壌	熱処理	高：除染率 95% 超 + 減量率 95% 以上 中：除染率 65-95% 低：除染率 65% 未満 ※試験数少の場合ワンランク下げ ※除去物量のバラツキ大きい場合ワンランク下げ
	分級	
	化学処理	
下水汚泥	溶出	
公園・道路・建物	切削・剥離	高：除染率 95% 超 + 回収・再利用可 中：65-95% 低：65% 未満 ※試験数少の場合ワンランク下げ ※ 7MPa 高圧水洗浄との組み合わせの場合、水道水の高圧水洗浄による効果 75% と比較して 10% 以上の向上がない場合は「かけ流し」で評価
	特殊水洗浄	
	高圧洗浄	
	研削・剥離	
瓦礫	洗浄	高：80% 超 中：50-80% 低：50% 未満 ※瓦礫は非均質であるため
植物・牛糞減容	堆肥化	―
水	捕集	高：除染率 95% 超 + 減量率 95% 以上 中：65-95% 低：65% 未満 ※試験数少の場合ワンランク下げ ※減容率 95% 以上の場合ワンランク上げ
	吸着・凝集	
森林・木材	固化剥離	―
	洗浄	
	間伐無	

な除染技術を、民間等から公募により発掘し、実証試験を行うことによりその有効性を評価することを目的としています。本節で示すのは、内閣府が原子力研究機構に委託して実施したものです。

(2) 提案技術の選考

2011年10月3日(月)～10月24日(月)に、本事業の趣旨に沿った除染技術の実証試験についての提案を募ったところ305件の応募がありました。外部専門家等による委員会を設け、この中から、科学的根拠に乏しいもの、科学的根拠はあるが基礎データが乏しく評価できないもの、既に実証されており結果が明らかなもの等を除き、また、同様の技術提案が複数ある場合には比較評価を行い、口頭審査を経て

総合評価基準 [12)]

設備投資	除去物質	コスト
必要 不要 既設有	減量率 極少：95%以上 少：80～95% 中：10～80% 多：10%未満	高：5万円/t以上 中：1～5万円/t 低：1万円/t未満
	多：処理剤添加 少：回収・再利用可・未回収	高：0.1人工/m^2以上 もしくは数百万円/月レンタル設備必要 中：0.01～0.1人工/m^2 低：0.01人工/m^2以下 ※設備投資「不要」の場合ワンランク下げ
	極少：95%以上 少：80～95% 中：10～90% 多：10%未満 ※試験数少の場合ワンランク下げ	高：5万円/t以上 中：1～5万円/t 低：1万円/t未満
		高：1000円/kg以上 中：100～1000円/kg 低：100円/kg未満
	極少：95%以上 少：90～95% 中：70～90% 多：70%未満 ※試験数少の場合はワンランク下げ ※凝集剤量が除去物質の1/3を超える場合はワンランク下げ ※定量評価困難な場合は個別評価	高：1000円/個 中：500～1000円/個 低：500円/個以下
		高：0.5人工/m^3以上 中：0.2～0.5人工/m^3 低：0.2人工/m^3以下
	—	高：5万円/t(m^3)以上 中：0.5～5万円/t(m^3) 低：0.5万円/t(m^3)未満

最後に 25 件のテーマが採択されました。

(3) 実施時期

　採択を決定した後、採択者に対する説明会を行い、原子力機構が有する既知の知見、測定方法、評価方法について説明を行いました。また、各採択者に対し、実施計画策定、放射線・放射能の測定や評価のための確認を行うとともに、事業の実施中の安全確保の観点から、放射線防護に関する説明を行いました。その後、試験実施場所の所有者や自治体等との調整を行うとともに、試験の実施に際しては、試験現場への立ち会い、技術指導等を行いました。準備期間も含めて、試験は 2011 年 11 月下旬から 2012 年 2 月の間に実施されました。

(4) 実施場所

　福島県内で行った試験の除染対象は、年間追加被曝線量が 1 mSv を超える地域の実際に汚染された試料等を用いて行いました。実施場所において円滑に事業を進めていくために最も重要なことは、周辺住民の方々の理解を得ながら、試験の実施や除去物の保管管理を行うことです。このため、試験の実施場所等の確保については提案者が行うこととしたものの、福島県内で行うほとんどの提案について、採択後に関係自治体への説明や住民説明会の開催等の対応が必要でした。また、除去物の保管場所等が確実に確保されるまでは、作業を開始しないことを徹底していました。

8.2.2　実証試験の結果と評価

　ここでは、この実証事業で実施された実証試験の結果の概要だけを示します。詳細は参考資料 12) を参照してください。**表 8.7** は、この実証事業で実施された試験の結果を総合評価するための基準を示したものです。この基準に沿って、採択され試験された技術の総合評価の結果を示したのが**表 8.8** です。また、**表 8.9** に土壌の除染に関する各技術の特徴を示します。

　ここに示した技術および試験・評価結果等は、今回の実証試験を基にした除染効果やコスト評価です。したがって、今後の技術の改良・発展あるいは新技術の開発によって評価は変更される可能性は十分にあると考えられます。

8.2 内閣府による除染技術実証事業における個別技術

表8.8 実施事業技術の総合評価[12]

除染対象物	手法	No.	実施者	除染効果	設備投資	除去物量	コスト	評価
土壌	熱処理	1	太平洋セメント(株)	高	必要	極少	高	コスト低減。放射性Csの高濃縮除去物の取り扱い。
	分級	2	ロート製薬(株)	中	既設有	少	中	特殊ポンプ、篩機の除染データの蓄積が必要。
		3	(株)竹中工務店	中	必要	中	低	80%程度の除染効果あり、除染現場での適用性あり。
		4	(株)熊谷組	中	必要	中	低	高濃度汚染土壌の場合、減量率低い。
		5	(株)日立プラントテクノロジー	低	必要	中	低	分級による除染効果あり。熱処理は効果なし。
		6	(株)鴻池組	中	必要	中	低	80%程度の除染効果あり、除染現場での適用性あり。
		7	佐藤工業(株)	中	必要	中	中	80%程度の除染効果あり、除染現場での適用性あり。
	化学処理	8	(株)東芝	中	既設有	極少	高	コスト低減。
下水汚泥	溶出	9	新日鉄エンジニアリング(株)	低	必要	中	評価不能	溶出効果のデータ蓄積が必要。
公園・道路・建物	切削・剥離	10	志賀塗装(株)	中	不要	少	低	50%程度の除染効果あり、即適用可。
	特殊水洗浄	11	京都大学	低	必要	少	高	水道水と同程度の除染効果。
		12	ネイチャーズ(株)	低	必要	少	高	高圧水洗浄と同程度。作業者の安全対策必要。
	高圧洗浄	13	(株)キクテック	高	既設有	少	中	様々な舗面で90%以上の除染効果、即適用可。
	研削・剥離	14	マコー(株)	中	既設有	少	中	様々な舗面で80%以上の除染効果、即適用可。
瓦礫	洗浄	15	戸田建設(株)	中	必要	少	中	研磨による除去物減少のための最適化必要。
		16	環テックス(株)	低	必要	中	中	除染効果低いが、水処理量削減が可。
植物・牛糞減容	堆肥化	17	(独)宇宙航空研究開発機構	―	必要	評価不能	評価不能	堆肥化のデータ蓄積が必要。
		18	日本ミクニヤ(株)	―	必要	中	中	春夏植物でのデータ蓄積が必要。
水	捕集	19	前田建設工業(株)	低	必要	中	中	ブロックの最適化が必要。
	吸着・凝集	20	東京工業大学	高	既設有	少	中	シアン化物処理が課題だが、即適用可
森林・木材	固化剥離	21	大成建設(株)	低	不要	多	高	ブラシ水洗と同程度の除染効果。コスト低減。
	洗浄	22	郡山チップ工業(株)	中	既設有	少	中	バークの洗浄除染、焼却減容を実証し即適用可。
		23	(株)ネオナイト	中	既設有	少	低	木材の種類のデータ蓄積が必要。水処理即適用可。
	間伐有	24	福島県林業研究センター	―	(知見を得る試験のため)			森林除染における放射線等の基礎データを取得。
	間伐無	25	(株)大林組	―	既設有	―	中	土工材料、アスファルト除去試験では効率化必要。

表8.9 除染技術実証試験にお…

No.	事業者	件名	特徴	分級	研磨	洗浄	加熱	特徴
1	太平洋セメント(株)	放射性物質汚染土壌等からの乾式Cs除去技術の開発	回転式昇華装置により昇華し、Csを分離	—	—	—	○	高性能反応進剤+1,300℃加熱による…の揮発
2	ロート製薬(株)	低線量汚染された土壌の放射性物質減容化	特殊ポンプによる分離処理水電界浄化	○	—	○	—	磨砕装置
3	(株)竹中工務店	植物が混入した放射性セシウム汚染土壌の多段階土壌洗浄処理	植物混合土壌の洗浄処理(処理工程内で植物除去)	○	○	○	—	鉄製ボールよる磨砕
4	(株)熊谷組	特殊洗浄機による放射線汚染土壌の減容化および一時保管方法に関する実証実験	磨砕洗浄機	○	○	○	—	乾燥
5	(株)日立プラントテクノロジー	土壌分級および熱処理による汚染土壌減容化システムと汚染水処理システムの実証	分級後、疎粒・細粒土壌のCsを加熱で分離	○	—	—	○	疎粒・細粒壌のCsを7…～800℃加で分離
6	(株)鴻池組	湿式分級に表面研磨を付加した土壌洗浄処理技術による放射能汚染土壌の減容化	磨砕洗浄機、キャビテーション洗浄	○	○	○	—	磨砕装置キャビテーシンジェット洗…
7	佐藤工業(株)技術研究所	高性能洗浄装置を用いた汚染土壌の除染および減容化技術	高圧ジェット水流、マイクロバブル渦崩壊による洗浄	○	—	○	—	高圧ジェット水流+マイロバブル
8	東芝	汚染土壌からのセシウム回収技術の開発	シュウ酸によるCsの溶離と吸着材による回収	—	—	○	—	シュウ酸るCsの溶…

8.2 内閣府による除染技術実証事業における個別技術

の除染に関する各技術の特徴[12)]

Csの捕捉	シルト・泥処理方法	処理対象	処理手順概要	処理能力
後のアルカ 化合物とし 縮・分離・又	—	—	粉砕・ふるいにより粒径を選択高性能反応促進剤と共に炉にて焼成、アルカリ塩基化合物は濃縮分離し回収	1 kg/h
が吸着した 質の泥を利 礫は表面を 分離後収集	電気分解吸着or凝集。沈殿無機系マグネシウムにて固化	20 mSv/年程度の汚染土壌	特殊ポンプ処理後分級機にて30μm、30μm以下のシルトを処理	
が吸着した 質の泥を利 は表面を破 離後収集	凝集剤＋フィルター	緑地帯表土、裸地表土、グランド表土 20,000～50,000Bq/kg（3種類）5,000～10,000 Bq/kg（1種類）	7ケース（各10 kg）を採取し試験9.5 mmふるい分け＋1次洗浄比重分離で植物を分離湿式分級で75μm→泥を処理。ふるい分けで75,125,250,500μm	分級～研磨 4 h/工程で 10 kg
が吸着した 質の泥を利 は表面を破 離後収集	凝集剤＋沈降分離	生活圏、農地（畑）10,20,30μSv空間線量	6ケース（各200 L）を採取し試験振動ふるいおよび磨砕洗浄機にて分級沈降分級後の泥を処理処理水は、幕分離ユニットにて処理	分級～研磨 1 t/h
が吸着した 質の泥を利 分離放射性 トは、散水 る水中捕捉 EPA、活性 よる吸着	凝集剤＋沈降分離スクリュープレス（脱水）排水を再度、吸着・凝集・沈殿	グランド表土 10,000 Bq/kg	ドラムスクラバー＋振動ふるいで2,000μm。サイクロン＋振動ふるいで75μm→シルトを処理。75μm以上の疎粒・細粒は、加熱処理	分級～研磨 4 t/h
が吸着した 質の泥を利 礫は表面を 分離後収集	凝集沈殿＋フィルタ	砂質土 10,000 Bq/kg	100～200 kgを採取。磨砕洗浄機＋分級機で5 mm。5 mm以上の礫を磨砕洗浄。5 mm以下および洗浄礫2mm以下を研磨洗浄。洗浄水およびシルトを処理	分級～研磨～ 洗浄 150 kg/h
が吸着した 質の泥を利 は表面を 分離後収集	浮上分離（マイクロバブル）脱水機能付き保管容器	グランド砂質土	ふるい分けで礫30 mm以上。高圧ジェット水流洗浄で砂礫30 mm未満～700μm以上。マイクロバブル渦崩壊洗浄で砂700μ～75μm以上。75μm以下のシルトを処理	分級 2 t/h
したCsを 着材（フェロ ン化物、ゼ ライト）によ 去	Csが付着した吸着材とシュウ酸溶液をろ過や磁気を用いて分離する	汚染土壌	汚染土壌をシュウ酸溶液にて処理、固液分離した処理液から吸着材にてCsを除去する。使用済みの有機酸は、過酸化水素等により分解して、溶離液が無害化できることを確認する。	—

8.3　環境省による除染技術実証事業における個別技術

8.3.1　本事業の概要
(1)　目　　的
　環境省は、国の方針に基づいて、今後の除染作業等に活用し得る民間等の技術を発掘し、除染効果、経済性、安全性等を確認するため、「平成23年度除染技術実証事業」として、実証試験の対象となる除染技術を2011年12月28日(水)より2012年2月29日(水)までの間公募しました。公募期間に応募のあった295件の提案について、有識者により構成される委員会において審査を行い、実証試験の対象となる除染技術として22件を選定しました(表8.10)。
　本事業は、22件の提案に対し、実証試験の結果等の取りまとめを行い、今後の除染事業に役立てることを目的としています。なお、環境省の実証事業は、内閣府の場合と同様に、原子力機構に委託して実施されました。

(2)　実証試験結果の評価方法
　除染技術実証試験の実施者が取りまとめた結果をもとに、下記の項目について評価を行います。
　① 効果(除染効果、減容率等)
　② コスト(単位面積当たりのコスト、単位量当たりのコスト等)
　③ 作業人口、作業速度等
　④ 安全性(作業に伴う被曝量評価等)
　⑤ その他必要と認められる項目
　技術の評価に当たっては、環境省が指定する有識者から構成される委員会を開催し、助言を得ながら評価を行いました。

8.3.2　実証試験の結果と評価
　今回の環境省の除染技術実証試験事業で採択された22の技術についての試験結果、評価結果、各技術の特徴等は、コスト等までを含めて興味ある結果が出ています。表8.10に提案技術の試験結果、評価結果および特徴等をまとめました。さらに、各技術の詳細を知りたい方は、参考資料31)の「平成23年度除染技術実証事業(環境省受託事業)報告書」を参照してください。

おわりに

1. 除染に特効薬なし

　手探りで始まった除染技術についていろいろなことが言われていますが、「特効薬」や「神の手」は見当たりません。誰もが考えるように「洗う」、「剥ぎ取る」、「薄める」といった方法が基本になります。

　例えば、建物の屋根なら「水洗浄」、「ブラシ洗浄」、「拭き取り」、「葺き替え」などが考えられ実行されています。水洗浄は適用しやすいが、効果的な結果が得られないこともあります。すでに風雨などによって放射性物質は屋根から流されており、現在残っているのは、表面の細かい穴に潜り込んでいたりして屋根に固着しているからです。屋根の葺き替えになると、効果は上がりますが、コストは非常に高くなり、多量の放射性廃棄物が発生します。適用箇所は限定されることになります。

　農用地の場合は、作付けを念頭に置いた方法を選ばなければなりません。放射性物質（福島ではセシウム）が固着しやすいのは細かい土粒子ですが、困ったことに、この細粒の土粒子に高い栄養分も付着しています。細粒の土粒子を剥ぎ取ると土地がやせてしまいます。セシウムは、表面5 cmに80％以上、10 cmに95％程度が蓄積されているので、それより下の深い部分とかき混ぜて薄めてしまう「耕起」という方法があることも述べました。除染の効果は限られますが、廃棄物は発生しない利点があり、条件が合えば適用できます。上層の土と下層の土を入れ替える方法も廃棄物は出ません。水を入れて細かい土粒子と一緒にセシウム放射性物質を洗い流す方法や表土を剥ぎ取る方法は、除染効果は高いですが栄養分も失われてしまいます。

　このように、画一的な除染方法を決めることはできません。それぞれの方法にはどの程度の効果があるかを理解したうえで、対象物や汚染状況にあった方法を選ぶことが肝要です。

　除染後で重要なことは、どのくらい線量が下がったか、自分の住む所はどの程度の線量なのかを、しっかり把握することが大切です。国は、年間の被曝線量を

1 mSv に低下させることを目標としているので、この数字にこだわる人も多いと思います。しかし、あまりにも数字にこだわると、余分な精神的ストレスを抱え込むことになるでしょう。

住民の反応は一概に「1 mSv/年じゃないとだめ」というものばかりではないようです。でも「そうでなくてはだめ」と言う人がいれば、なかなか言い出せないのが実情のようです。科学的に説明しても、不信感があれば受け入れてもらえないでしょう。

正しい放射線の知識を身につけ、どう除染に取り組むべきかを考えることが重要です。「ものをこわがらな過ぎたり、こわがり過ぎたりするのはやさしいが、正当にこわがることはなかなか難しい」という寺田寅彦の言葉があります。必要な知識を得て、適切な除染のあり方を考えなければなりません。

廃棄物(除去物)の処理も大きな問題です。廃棄物の仮置場は放射性物質の飛散防止、遮蔽による周囲の空間線量率の低減、雨水などの進入、流出防止などを、基本的に3年間担保しなければなりません。仮置場が決まらないと除染は進みません。

いずれにしても、各自治体が除染方法や仮置場の設置などを定めた除染計画を作って現場作業に取りかかるわけですが、それを決めるときには地域住民との対話と合意が極めて重要です。

2. 除染効果は場所による

除染は本当に効果があるのか。同じ手法でも、場所ごとに効果にばらつきがあります。雨どいや側溝、雨水ますでは、泥を取り除いた後に拭き取りや高圧洗浄することで低減率は6～9割となっています。屋根は材質によって効果に差が出ます。通常の屋根は洗浄で2～6割減ったものの、セメント瓦やつやなし粘土瓦、塗装した鉄板はなかなか下がりません。表面のざらつきやさびなどで、放射性物質が除きにくいからです。

土壌は3～5cm剥ぐことで4～8割、芝生は7～9割減ります。駐車場のアスファルト面やコンクリート面は洗浄でほぼ半減しました。鉄の粒をぶつけて表面を削り取るショットブラストでは7～9割となりました。道路のアスファルト面での高圧洗浄の効果は1～5割、削り取りでも1～7割となります。表面の凸凹や排水性を持たせた路面などの条件によって効果にかなりの差が出ています。

ただ、環境省は、ある程度線量が高い場所でのデータを使っています。利用に当たっては、このことを考慮する必要があります。線量の低い場所では、除染場所の

外からの放射線の影響を受け、除染手法そのものの効果が見えにくいからです。

　除染しても線量が劇的には下がらない場合が多々あります。狭い範囲の除染では、周囲の影響を受けて効果が見えにくく、範囲を広げて全体的（面的）に除染の効果を評価した方が合理的です。

3. 避難区域の再編成

　国は、事故直後の 2011 年 4 月、福島県の 11 市町村で、警戒区域（原発から 20 キロ圏）、その外側で年間放射線量が 20 mSv を超える計画的避難区域などの避難指示区域を設定しましたが、2011 年末、放射線量に応じて、避難区域を次の 3 区域に再編することを決めました。
① 帰還困難区域：2012 年 3 月から数えて 5 年以上戻れない区域
② 居住制限区域：数年で帰還を目指す区域
③ 避難指示解除準備区域：早期帰還を目指す区域

　住民の同意を得るのが遅れた川俣町を除く 10 市町村については、2013 年 5 月末までに再編は完了しました。区域再編が唯一済んでいなかった川俣町は、2013 年 7 月 7 日に政府の再編案の受け入れを決めました。川俣町の受け入れによって、区域の再編は完了し、避難者の帰還を進めやすくなったとされています。

　国の案では、計画的避難区域となっている川俣町南東部の山木屋地区の大半を、早期に住民の帰還を目指す避難指示解除準備区域、一部を数年で帰還を目指す居住制限区域にするというものです。再編されれば同地区で公共施設などの整備が本格化します。川俣町は 2015 年末の避難指示解除を当面の目標としています。

　避難指示区域のうち、田村市都路地区で国の直轄除染が終わり、避難指示解除に向けた準備が進んでいます。一方、再編後も除染が進まず、住民の帰還のめどが立っていない地域も残されています。

4. 除染完了地域

　避難指示区域のうち帰還が見通せる避難指示解除準備区域に指定されている田村市都路地区について、2013 年 6 月 23 日、国の直轄除染が完了したという発表がありました。国直轄除染の対象である 11 市町村で初めてです。都路地区について、道路、電気、水道などのインフラや診療所などの住民サービスがほぼ復旧したと判断した結果の決定です。政府は今後、市や住民と協議しながら避難指示解除の時期を決めることになります。

解除対象となっている地区は、都路地区東部の121世帯約380人です。年間の線量が20 mSv以下で早期の帰還が見通せるとして、昨年(2012年)4月に避難指示解除準備区域に再編されていました。環境省によると、対象は住宅地の約23万平方メートルで、平均の線量が24～56％下がり、毎時0.32～0.54 μSvになった地区としています。政府が長期的な目標とする年1 mSv(毎時0.23 μSv)以下にはなっていませんが、生活には問題ないと説明しています。

　避難指示区域の再編で、解除準備区域や居住制限区域に指定された地区については、これまで、年末年始や大型連休の数日間に限り、自宅への宿泊を認めてきました。常時宿泊を認めるのは初めてで、政府は今後、他の解除準備区域でも除染が終わり次第、常時の宿泊を認める方針のようです。説明会では、住民から再除染を求める声も出ましたが、環境省は、今年(2013年)の秋に改めて都路地区の線量を測定し、その結果を見て判断するとしています。

5. 被曝線量の自己管理

　政府は田村市の除染作業完了後の住民説明会で新しい見解を示しました。「線量を毎時0.23 μSv(年間1 mSv)以下にする目標を達成できなくても、一人ひとりが線量計を身につけ、実際に浴びる個人の線量が年1 mSvを超えないように自己管理しながら自宅で暮らす」という提案です。

　上記の説明会(2013年6月23日)において、環境省から、約1年間で、1日最大約1,300人が除染作業に従事し、121戸約23 haの宅地、95.6 kmの道路、127 haの農地、192 haの森林を除染したとの報告がありました。その結果、宅地の高さ1 mの平均値で線量は24～56％低下、おおむね毎時0.32～0.54 μSvになったと報告しています。国は、長期的な目標とする年間1 mSv(毎時0.23 mSv)になっていないが、近くまで下がったとの見解です。

　国による除染作業がいったん終わると、次には住民の帰還をめぐる問題が浮かび上がってきます。避難指示の解除は、住民の意向をもとに市町村と国が協議して決めることになっています。

　説明会においては、住民から「目標値まで国が除染すると言っていた」と再除染の要望が相次いだとされていますが、政府側は現時点で再除染は認めず、目標値は「1日に8時間外にいた場合に年1 mSvを超えないという前提で算出されている」と説明しています。「0.23 μSv/hと、実際に個人が生活して浴びる線量は結び付けるべきではない」としたうえで、「新型の線量計を希望者に渡すので自分で確認してほし

い」とし、この夏のお盆前にも自宅で生活できるようにすると言っています。無尽蔵に予算があるわけではないので、すべて0.23μSv/hまではとてもできないと言うことのようです。除染で目標まで線量を下げて住民が帰れる環境を整える従来の方針から、目標に届かなくても自宅へ帰り、被曝線量を自己管理して暮らすことを促す方向への政策転換を意味していると思います。

　従来から多々説明されてきたように「地域の空間線量が目標値に下がるまで国の責任で除染を進め、避難区域が解除されてから自宅に帰る」と、避難した住民はそう思っているに違いありません。政府が住民説明会で提案したのは、除染目標を達成できなくても自宅に戻り、線量計を身につけながら被曝線量を自己責任で管理するという生活スタイルでした。

　除染は大幅に遅れ、作業後も目標に届かない地域が相次ぐ一方、今年度（2013年度）までに1.5兆円を投入していますが、除染の最終コストは見通せていません。政府は2013年の夏に除染計画を見直し、帰還工程表をつくるとしていますが、最終コストと帰還時期を決めることはかなり難しいと言わざるをえません。

6. 汚染状況重点調査地域

　国の直轄除染以外の除染地域を汚染状況重点調査地域と呼んでいます。福島県内では40の自治体が汚染状況重点調査地域に指定されています。実情は、除染を進めている自治体と、放射線量の推移を見守っている自治体とに分かれています。

　県北部の福島市は学校や公共施設の除染を進めつつ、住宅は2013年2月15日現在で約2万戸分を発注し、うち約4千戸の住宅を除染しています。福島市は住宅地の除染で出た除去土などはその家庭の庭先に埋めるなどの現場保管をしています。規模の大きい仮置場の設置が困難なケースが多いための苦肉の策をとっているわけです。住民の同意を取りつつ、地区ごとに除染を発注し、全戸の除染を行う前提で、2016年9月までに約11万戸を除染する方針となっています。

　隣の伊達市では、線量に応じてA〜Cの3地域に分けて除染を進める計画となっています。高線量のAは2013年2月現在、約3,100戸のうち1,612戸が終了しています。B、Cを含め約2万1千戸を来年度内に終わらせる計画となっています。

　県西部の会津地方や県南部では、除染そのものを見送る自治体も出てきています。昭和村は、汚染状況重点調査地域の指定を受けたものの、2012年の冬に解除されています。昭和村のある会津地方は観光地です。理由は「線量が低いため」としていますが、汚染除去う重点調査という言葉そのものへの拒否感もないとは言いきれな

いようです。

　県南部では、重点調査地域に指定されていても、定められた計画を立ててない自治体もあります。理由は「線量が低く除染の必要がない」と説明しています。県は来年度から、除染計画がなくても、市町村が実施する局所的な除染に対して費用を出す取り組みを始めるとしています。

7. 汚染状況重点調査地域の未執行予算

　福島県の市町村が行う除染（国の直轄除染以外）のために、国が用意した2012年度の復興予算2,550億円のうち、6割以上の1,580億円が使われず、今年度（2013年度）に繰り越されているようです。国が最終的に費用を負担する東京電力に配慮して、除染方法を厳しく制約していることが要因とみられています。

　国は、原発周辺の国の直轄除染とは別に、福島県内36市町村が行う除染の費用を支払うため、県が管理する「基金」に積み立てています。2012年度中に使ったのは4割未満の970億円で、それでも国は、今年度予算に県の基金などを積み増すため、新たに2,047億円を計上しています。

　最も繰越額が多かったのは福島市の424億円です。32市町村で繰り越され、17市町村で執行率が5割未満となっているようです。このような予算執行の遅れは、廃棄物の仮置場確保の遅れや作業員不足に加え、環境省が除染方法を示すガイドラインを厳しく運用し、市町村が求める手法が認められにくいとの指摘があります。

　除染の方法について明確な規定がない場合、環境省は市町村と個別協議をして可否を決めることになっていますが、雨樋の交換や屋根の葺き替えなど費用が嵩む手法は認めていません。

　除染費用は国がいったん負担して東電に請求する仕組みになっています。環境省の福島環境再生事務所は「東電が認めない手法は認められない」とし、東電の意向を踏まえて決めているようです。実際、東電は除染の基準が不明確として、国から請求された212億円のうち159億円を支払っていないとされています。東電が支払いに応じない分は国が負担する可能性が高くなります。福島市は「除染方法適用の判断の権限を市町村に与えれば加速する」と話しています。復興予算の流用が相次ぐ一方、国の責任で進めるという除染の予算は大量に余っている状況で、市町村には「細かなルールを口実に予算執行が抑えられている」との不信が強いようです。

8. 中間貯蔵施設の建設

　除染で出た汚染土壌などを30年間保管するのが中間貯蔵施設です。あと2年足らずで一部でも完成させると国は明言していますが、その工程には遅れが目立ち始めています。2011年秋に公表した工程表によれば、今ごろ（2013年の夏）、建設場所選定の大詰めを迎えているはずです。しかし、候補地の大熊、楢葉、双葉の3町では、自治体や地元住民からの調査同意の取り付けさえ終わっていません。ごみ処分場の建設は一般的に約10年かかります。その大半は地元の同意を得るのに要する時間です。

　一刻も早い帰還をとの願いを受け、国は大幅な期間圧縮を図る一方、地元の信頼を損なわないよう、より慎重に理解を求めていかざるを得ないというジレンマを抱えています。地元の反対で計画が頓挫した場合の代替え案もないからです。手抜き除染問題で現地調査の手続きが止まるなど、失態も目立っています。

　地元の状況も複雑です。現地調査を容認するのは「なし崩し的に建設を認めることになる」との思いと、施設ができなければ地元だけでなく県内のほかの地域の除染も滞るという重圧が交差しています。さらに、補償問題も絡んでいます。地元にとっては苦しい決断が迫っていると言えましょう。

9. 除染費用は5兆円

　福島原発事故で拡散した放射性物質の除染について、福島県内だけで最大5兆円かかるという試算結果が、独立行政法人産業技術総合研究所から公表されました。政府は、今後の除染にどのくらいの費用がかかるのか、見通しを明示していませんが、2011〜2013年度、除染経費として1兆1,500億円を計上しています。試算結果はこの予算の4倍以上となっています。

　事故による年間の被曝線量を1mSv未満まで引き下げる場合、国が行う除染特別地域で最大2兆300億円、それ以外の地域で市町村が行う除染で最大3兆1,000億円、合計5兆1,300億円かかるとしています。内訳は次のようになっています。

　① 除染作業に2兆6,800億円
　② 除染で生じた汚染土壌などの除去物の中間貯蔵（30年間）に1兆2,300億円
　③ 仮置き場での保管に8,900億円

　などなど。最終処分場にかかる費用は計上しておらず、さらに膨らむとみられています。

　除染を巡っては、国の計画より作業が大幅に遅れ、除染をしても放射線量が下が

りにくいところが出てくるなど、その効果や進捗の面で課題が指摘されています。原発事故の影響で、福島県では、およそ15万人が避難生活を続けています。少しでも安心できる生活を取り戻したいと考えている住民の間からは、今回の試算に対し、さまざまな声が上がっています。

一つは「ふるさとに帰りたいという思いはだれしも思っており、原発事故でそこにいることができなくなっているので、帰るための除染を行うのは当然だ。線量の高い山林に囲まれているため、非常に難しい作業だとは思うが、効果的な方法を探りながら除染をやってほしい」という、除染徹底派とも言える方々です。

もう一つは、避難生活が長期化するなか、除染に巨額の費用を注ぎ込むよりも、生活再建のための支援を優先してほしいという声があります。「自宅の周りが線量の高い山に囲まれていて、このまま除染をしても放射線量を下げるのは難しく、期待はしていない。自宅に帰って来られないという覚悟はもう出来ている。国は『除染をして町に戻す』というばかりでなく、今、生きている住民に対する生活再建への支援に重点を置いてもらいたい」という方々です。

原発事故から2年以上にわたって、避難生活を強いられている住民の間では、除染への諦めに近い気持ちが広がりつつあるようです。一方で、「必ずふるさとに帰りたい」、「原発事故の前の生活を取り戻したい」と願う住民にとって除染は今も強く望んでいることでもあります。試算とはいえ総額で5兆円という今回の結果を踏まえ、それぞれの地域の実情や住民の思いをきめ細かく把握して、除染の進め方と関連する課題を考えていくことが一層重要になります。

10. 移住という選択肢

政府は、除染特別地域に対して「除染して避難者のふるさと帰還を目指す」と言い続けてきました。チェルノブイリ事故のときはベラルーシで33万人以上、ウクライナでは16万人以上が移住したと報告されています。いま、除染が完了しても、目標とする線量までは下がらないことがはっきりしてきました。移住を考えるというと、国が土地を買い上げるという印象を持ちますが、何も土地の私有権を取り上げる必要はなく、何年か経てば希望する人は戻れるような方策を考えれば、移住も選択肢の有力な一つです。政府も、移住という選択肢を示すべき時期にきていると思います。

放射能リスクに係わる専門家は、除染の目標となっている年1 mSvという数値は、健康リスクや帰還の基準とは別のもので、1 mSv/年以下でないと住めないという

ことではないとしています。このことは国際的にも認知されている事実です。除染をどこまで徹底してやるかということは、かかる費用の検討までを含めて、基本的には住民の判断が尊重されるべきです。つまり、リスクはないとは言い切れませんが、リスクの小さいグレーゾーンでは、個人でリスクを判断して、帰還して住むという選択肢とともに移住するという選択肢もあってよいと思います。選ぶうえで必要な情報を十分に提供し、どちらを選んでも経済的な補償が受けられるようにしておく必要があります。

　除染に関する課題は、除染手法等の科学技術の問題として重要であるのはもちろんですが、いまや、科学や技術から離れて社会的側面が大きく浮かび上がってきています。例えば、割り切って「土地の価値を上回る除染はしない」とは言い切れませんが、同じ費用をかけるのであれば、帰還にこだわらずほかの選択肢もあるはずです。試算されているような莫大な費用を使うなら、違った使い道があるかもしれないし、もっと前向きなシナリオがあるかもしれません。全体像の真実を知れば、住民の選択も変わってくる可能性もあると思います。国にとって除染は初めての作業です。当初の無知、失敗は仕方ないと思います。しかし、今までの経験を生かして、より理にかなった解決策を見出して実行していくことは、汚染当事者はもちろん政治および行政の責任ではないかと思います。

　最後に、福島大学の丹波史紀准教授らが行った調査結果を紹介させていただきたいと思います。震災半年後、原発事故で避難した双葉郡8町村の住民に調査票を配り、1万4千所帯の声を集めています。帰還派が多いのですが、移住派も散見されるという時期です。その声のいくつかを紹介します。

　「なぜ郷土復帰が善という前提なのか。放射能汚染で長期に帰れないなら次のステップに進んだほうがいい」、「別の土地に本格的に町を移し、新たなコミュニティーの歴史をつくってほしい」、「家族が安心して暮らせる土地が本当に帰りたい場所」。故郷を離れようとする者への風当たりは強いようです。公平で柔軟な復興策とは何か、賠償だけに頼らず、自立を促すにはどんな制度が必要か、丹波准教授は仲間とともに「ふくしま復興塾」を開設し、復興リーダーを育て始めています。

　「おわりに」の原稿作成に当たっては、巻末の参考資料35)に示す多くの新聞記事等を参考にさせていただきました。厚く御礼申し上げる次第です。

参考資料・文献

1) 原子力災害対策本部：除染に関する緊急実施基本方針について、2011.8.26
   http://www.meti.go.jp/press/2011/08/20110826001/20110826001.html
2) たとえば、内閣府 原子力被災者生活支援チーム：除染技術カタログ、2011.11.22
   www.meti.go.jp/earthquake/nuclear/pdf/20111122nisa.pdf
3) 原子力災害対策本部：市町村による除染実施ガイドライン、2011.8.26
   http://www.meti.go.jp/press/2011/08/.../20110826001-6.pdf
4) 法律第百十号：平成二十三年三月十一日に発生した東北地方太平洋沖地震に伴う原子力発電所の事故により放出された放射性物質による環境の汚染への対処に関する特別措置法、2011.8.30　http://www.env.go.jp/jishin/rmp.html
5) 環境省：参考資料4の法律の基本方針、2011.11.11
6) 環境省：除染関係ガイドライン（第2版）、2013.5.2
   http://www.env.go.jp/press/file_view.php?serial=22130&hou_id=16614
   　除染関係ガイドライン（第2版）は、第1版と同様に次のような構成になっています。第1編：汚染状況重点調査地域内における環境の汚染状況の調査測定方法に係るガイドライン、第2編：除染等の措置に係るガイドライン、第3編：除去土壌の収集・運搬に係るガイドライン、第4編：除去土壌の保管に係るガイドライン
7) 米原英典：ICRP2007年勧告について、放射線医学総合研究所 放射線防護研究センター規制科学総合研究グループ、ESI-NEWS Vol.26、No.2、2008
8) 原子力安全委員会：今後の避難解除、復興に向けた放射線防護に関する基本的な考え方について、2011.7.9
9) 環境省：国及び地方自治体がこれまでに実施した除染事業における除染手法の効果について、2013.1.18　http://www.env.go.jp/press/file_view.php?serial=21348&hou_id=16216
10) 環境省：今後の森林除染の在り方に関する当面の整理について、2012.9.25
    www.env.go.jp/press/press.php?serial=15731
11) 大月規義、笠井哲也：警戒区域再編されても－原発20キロ圏内見直し 双葉町で完了－、朝日新聞朝刊、2013.5.8 あるいは参考資料32）
12) 独立行政法人 日本原子力研究開発機構 福島技術本部：福島第一原子力発電所事故に係る避難区域等における除染実証業務報告、2012.8.10、この参考資料において、「除染関係

事業」の試験結果、結果の評価、課題等が詳細に示されています。また、「除染に関する手引書」の原案も提案されています。

http://www.jaea.go.jp/fukushima/kankyoanzen/d-model_report.html

13) 環境省：自衛隊による役場の除染に関する報告書の公表について（お知らせ）、自衛隊による役場の除染の結果について（最終報告）、2012.3.27
http://www.env.go.jp/press/press.php?serial=15017

14) 放射線医学総合研究所：東日本大震災関連情報、2011.4
http://www.nirs.go.jp/information/info.php?i14、あるいは、独立行政法人 原子力安全基盤機構(JNES)：原子力ライブラリー、一般書籍・機関紙、国際放射線防護委員会勧告等、http://www.jnes.go.jp/atom-lib/category/index/index/id/I260

15) 東京電力(株)：福島第1原子力発電所事故
http://www.jaero.or.jp/data/02topic/fukushima/summary/index.html

16) 文部科学省：放射能汚染マップ、航空機モニタリングによる広域測定の結果、2011
http://purple.noblog.net/blog/q/11257781.html

17) 国立環境研究所：福島第一原子力発電所から放出された放射性物質の大気輸送沈着シミュレーション、2011　http://www.nies.go.jp/images/header_r-2.jpg

18) 例えば、日本土壌肥料学会：原発事故・津波関連情報(2)、セシウム(Cs)の土壌でのふるまいと農作物への移行　http://jssspn.jp/info/nuclear/cs.html

19) 文部科学省：ダストサンプリング、環境試料及び土壌モニタリングの測定結果（環境試料の測定結果）、2011

20) 東大農学部の報告会2、塩沢、吉田、西田：土壌中での放射性セシウムの挙動
http://tsukuba2011.blog60.fc2.com/blog-entry-488.html
http://radioactivity.mext.go.jp/ja/monitoring_around_FukushimaNPP_dust_sampling/

21) 山口紀子ほか12名：土壌-植物系における放射性セシウムの挙動とその変動要因、農業環境研究所報告31、pp.75-129、2012

22) 保高徹生：放射性物質の土壌中での挙動及び農作物への影響：対策の整理と課題、農業と経済、78巻、1号　http://www.t-yasu.net/Main/Welcome.html

23) 農林水産省：農地土壌中の放射性セシウムの野菜類および果実類への以降の程度、2011
http://www.maff.go.jp/j/press/syouan/nouan/110527.html

24) 環境省：除染情報サイト「放射性物質汚染対処特措法に基づく取り組みについて」、2011.12　http://josen.env.go.jp/about/index.html

http://josen.env.go.jp/progress/tokubetsuchiiki/kariokiba.html
25) 文部科学省：学校における放射線測定の手引き、2011.8
26) 文部科学省：放射能測定シリーズ、公益財団法人 日本分析センター
　　http://www.jcac.or.jp/series.html
27) 環境省 報道発表資料「除染特別地域における除染の方針（除染ロードマップ）」の公表について、2012.1.26　http://www.env.go.jp/press/press.php?serial=14747
28) 農林水産省：農地除染対策の技術書、2012.9
　　http://www.maff.go.jp/j/nousin/seko/josen/index.html
　　　この技術書は次の4編で構成され、農地汚染の除去方法について詳しく記述されており、活用度の高い参考資料と言えるでしょう。第1編「調査・設計編」、第2編「施工編」、第3編「積算編」、第4編「参考資料編」
29) 農林水産省 農林水産技術会議：農地土壌の放射性物質除去技術（除染技術）について、2011.9　http://www.s.affrc.go.jp/docs/press/110914.htm
30) 厚生労働省：除染等業務に従事する労働者の放射線障害防止のためのガイドライン、2011.12　http://www.mhlw.go.jp/stf/houdou/2r9852000001yy2z-att/2r9852000001yy7f.pdf
31) 独立行政法人 日本原子力研究開発機構 福島技術本部：平成23年度除染技術実証事業（環境省受託事業）報告書、2012.10
　　http://www.jaea.go.jp/fukushima/techdemo/h23/h23_techdemo_report.html
32) 環境省：除染情報サイト、http://josen.env.go.jp/
　　このサイトで環境省が所轄する除染関連の種々の情報を閲覧することができます
33) 原子力発電環境整備機構：いろいろな放射性物質の半減期
　　www.numo.or.jp/pr/booklet/pdf/anzensei_12.pdf
34) 国立がん研究センター：原発事故関係、放射線被曝100ミリシーベルトで受動喫煙なみとの安心情報　http://detail.chiebukuro.yahoo.co.jp/qa/question_detail/q1060880345
35) 新聞記事：①朝日新聞、井上正、2012.5.13、②朝日新聞、木村俊介、2013.3.7、③朝日新聞、本田雅和、2013.7.8、④朝日新聞、大月規義、2013.6.24、⑤朝日新聞、青木美希、2013.6.29、⑥朝日新聞、関根慎一、座小田英史、2013.7.12、⑦朝日新聞、森治文、2013.3.7、⑨朝日新聞、半沢隆弘、中西準子、細野豪志、2013.3.12、⑩朝日新聞、渥美好司、2013.6.23

索　引

【あ】
IAEA　31
ICRP　5, 25
アスファルト舗装　100
亜臨界　117
安全管理　128
安全評価　128
安全要件　127

【い】
イオン交換反応　16
イオン態　16
閾値（いきち）　11
移行係数　18
一時集積所　123
一時保管　123
遺伝的影響　13
移動式振動ふるい機　119

【う】
運搬経路の選定　122
運搬車　125

【え】
枝打ち　68

【お】
大型芝剥ぎ機　97
汚染状況重点調査地域　20
汚染の指標　47
汚染密度　48
オーバーレイ　102

【か】
ガイガー・ミュラーカウンター　48
外部被曝　4
外部被曝線量　6

【か（確）】
確定的影響　11, 15
隔離　35, 36
確率的影響　11, 16
可燃性除去物　113
仮置場　33, 127, 129, 136
環境サンプル　54
環境試料　54
監視　128
監視項目　151
感受性の違い　13
管理要件　133, 136

【き】
帰還困難区域　20
吸着　16
吸着剤　108
吸着処理＋凝集・沈殿処理＋ろ過処理　109
凝集剤　106
凝集・沈殿（吸着）処理　106
凝集・沈殿処理＋吸着処理　109
凝集・沈殿（吸着）処理＋ろ過処理　108
居住制限区域　20
緊急事態期　25

【く】
空間線量率　47, 56, 164
グラウンド除染　94
クリアランスレベル　31
グレイ(Gy)　4
グレーダー　95

【け】
警戒区域　20
計画的避難区域　20
経根吸収　18
継続的な監視　152
原位置処理　37

194

索　引

原子核崩壊　　1
原子力機構　　38
現場保管場　　33, 127, 129, 136
減容　　113
減容率　　113

【こ】

高圧水洗浄　　88
高温焼却　　114
高含水除去土の減容化　　117
高吸収植物　　72
固化剤散布　　78
固化土壌分離回収機　　79
国際原子力機関(IAEA)　　31
国際放射線防護委員会(ICRP)　　5, 25
　――の見解　　12
国立環境研究所　　15
個別技術　　163, 168, 174
コリメーター　　53
混合除去物　　118
　――の

【さ】

最終処分場　　32
作土層　　76
暫定規制値　　70

【し】

自衛隊　　37
GM 計数管式サーベイメーター　　48
しきい線量　　11
試行的除染　　37, 163
事故収束後の復旧期　　25
施設要件　　127, 128, 136
自然放射線　　8
下草集積機　　115
実効線量係数　　7
時定数　　54
指定廃棄物　　30
自動モニタリングシステム　　156

cpm　　48
シーベルト(Sv)　　4
車載型ツイスター　　119
遮蔽　　35, 129, 145
遮蔽効果　　130
遮蔽措置　　124
遮蔽方法の特徴　　146
集塵サンダー　　88
準地下保管型　　137
除去　　35
除去植物の堆肥化　　116
除去・減容化処理　　37
除去土の除染・減容　　117
除去物　　29, 34
　――の減容　　113
　――の収集　　122
　――の定置　　150
　――の飛散防止　　131
除去物処理　　32
　――の作業性　　119
除去物処理・仮置計画　　43
除去物発生量　　80, 143
除染関係ガイドライン　　52, 62
除染技術実証事業　　168, 174
除染効果　　39
除染工程　　23
除染作業　　51
除染作業計画　　40
除染作業実施計画　　42
除染作業全体計画　　41
除染作業中のモニタリング　　63
除染事業　　19
除染状況重点調査地域　　20
除染電離則　　55
除染特別地域　　20
除染に係わる法令　　19
除染の原理　　35
除染方法　　88
除染モデル実証事業　　37, 38
ショットブラスト　　87, 88, 102

索　引

人工放射線　8
シンチレーション式サーベイメーター　47
シンチレーター　47
森林除染　65

【す】
水熱処理　117
スイーパー　96
スキマーによる削り取り　77
スキャンソート　117

【せ】
制度管理　36
ゼオライト吸着　109
ゼオライトスラリー　109
積算型線量計　158
施工速度　44
セシウム 134　9
セシウム 137　10
洗浄　118
洗浄圧力　88
洗浄水　105
線量　4
線量限度の設定　157
線量率　27

【そ】
ソッドカッター　91, 97

【た】
耐震　132, 148
堆積有機物　67
タイベックスーツ　113, 162
滞留水　105
宅地の除染　85
宅地の除染方法　92
立ち入り制限　133, 150
縦とい　88
建物の除染　85
ターフストリッパーによる削り取り　77

ダンプトラック　125

【ち】
チェルノブイリ事故　17
地下保管型　137
地下式の仮置場　154
地上保管型　137
地上保管式の仮置場　154
チッパー　114
　　――による減容　120
中間貯蔵施設　34
中間貯蔵施設保管　127
駐車場の除染　100
超高圧水洗浄　88, 102

【つ】
追加被曝線量　20
ツイスター　119

【て】
提案技術　169
TS 路面切削機　102
低温焼却　115
低減率　44, 88, 164
定置面積　144
電磁波　3
天地返し　96
電離式サーベイメーター　52
電離放射線障害防止規則　56

【と】
透水性舗装　99
透水性舗装機能回復車　101
道路除染　99
土壌固化剤　75
土のう袋　123, 130
土木施工用機械　77

【な】
内部被曝　4

196

索　引

内部被曝線量　7

【に】

二次汚染　44
2007年勧告　25
日本原子力研究開発機構　38

【ね】

粘土鉱物　16

【の】

農地除染　70
農地除染実証工事　71
農地除染対策の技術書　71
農地除染対策の技術書概要　71
濃度分布　17, 71

【は】

廃棄物発生量　166
廃棄物保管占有面積　166
薄層切削　102
薄層表土剥ぎ取り　79
破砕機　114
バックグラウンド放射線　8
バックホウによる削り取り　77
半減期　2
反転耕　72, 80
半導体検出器　48
ハンマーナイフモア　96

【ひ】

非常時　25
　　──の放射線被曝対策　24
避難指示解除準備区域　20
被曝管理　156, 160
被曝線量　6
表土の削り取り　72
表面汚染密度　47
表面線量率　56
表面密度　56

【ふ】

深さ方向の濃度分布　71
拭き取り　92
覆土　96
腐食ガス　132
不適正な除染　61
不燃性除去物の減容化　117
腐敗可燃性　113
ブラシ掛け　89
プール躯体　110
プルシアンブルー　109
フレキシブルコンテナ　114, 123, 130
分級　118

【へ】

平常時　25
ベクレル(Bq)　4

【ほ】

防護服　161
放射性セシウム　9
放射性物質　1
放射性物質濃度　47, 151
放射線　1
　　──の管理計画　162
　　──の遮蔽　124
　　──の透過力　3
放射線荷重係数　5
放射線測定機器　47
放射線被曝　4
放射線被曝対策　24
放射線量　4
放射線量率　27
放射能　1
放射能測定法シリーズ　54
防塵マスク　161
防水シート　131
保管開始時のモニタリング　153
保管施設の設計　127
保管場　127

保管場所　33
ポケット線量計　157
舗装面　99
ホットスポット　57
ホールボディカウンター　157

【ま】
マーキング効果　79
マグネシウム固化剤　72

【み】
水による土壌攪拌・除去　72

【む】
無処理　37
無線ヘリコプター　58

【め】
メインフィルター　106
メッシュ観測　63
面的除染　43

【も】
木材破砕機　113
　　──による減容　120
木質系廃棄物　113
モデル事業　38
モニタリング　51
　　──の仕様　52

モニタリングカー　58
モニタリング計画　42

【や】
役場の敷地　163

【ゆ】
有蓋車　123

【よ】
ヨウ素131　9
葉面吸収　18
余掘り率　80

【り】
離隔　129
リスクコミュニケーション　62
粒子線　3
流失防止　133

【ろ】
ろ過処理　106
ロータリーカッターによる削り取り　77
ロータリードライヤー　115
路面切削機　97
ロールベーラ　115

【わ】
ワイパーによる削り取り　77

著者紹介

木暮敬二（こぐれ けいじ）

1939 年	群馬県に生まれる
1962 年	防衛大学校土木工学専攻卒業
1969 年	京都大学大学院工学研究科土木工学専攻博士課程満期退学
1971 年	工学博士(京都大学)
1973 年	防衛大学校講師
1975 年	防衛大学校助教授
1980 年	防衛大学校教授
2004 年	防衛大学校定年退職
2004 年	NPO 法人ジオクリーン・オーガナイゼーション理事長(2010 年まで)
2004 年	協同組合地盤環境技術研究センター理事長(2013 年まで)
主な著書	高有機質土の地盤工学，東洋書店
	地盤環境の汚染と浄化修復システム，技報堂出版
	土壌・地下水汚染のための『地質調査実務の知識』，オーム社，共著
	法に基づく土壌汚染の管理技術，技報堂出版
	その他，論文・論説・共著等多数

放射能除染と廃棄物処理　　　　定価はカバーに表示してあります．

2013 年 10 月 25 日　1 版 1 刷　発行　　ISBN978-4-7655-3461-1 C3051

著　者　木　暮　敬　二
発行者　長　　　滋　　　彦
発行所　技　報　堂　出　版　株　式　会　社

〒101-0051 東京都千代田区神田神保町 1-2-5
電　話　営業　(03) (5217) 0885
　　　　編集　(03) (5217) 0881
　FAX　　　　(03) (5217) 0886
振替口座　00140-4-10
http://gihodobooks.jp/

日本書籍出版協会会員
自然科学書協会会員
工 学 書 協 会 会 員
土木・建築書協会会員

Printed in Japan

Ⓒ Keiji Kogure, 2013　　　　装幀・浜田晃一　　印刷・製本　昭和情報プロセス

落丁・乱丁はお取替えいたします．
本書の無断複写は，著作権法上での例外を除き，禁じられています．

書籍のコピー，スキャン，デジタル化等による複製は，
著作権法上での例外を除き禁じられています．